JN249396

超速！Webページ速度改善ガイド

使いやすさは「速さ」から始まる

佐藤 歩
Sato Ayumu

泉水 翔吾
Sensui Shogo

技術評論社

●初出

本書は、小社刊『WEB+DB PRESS』の以下の記事をもとに、大幅に加筆と修正を行い書籍化したものです。

- 連載「Webフロントエンド最前線 —— 流行に踊らされない技術動向」第3回 (Vol.83)、第6回〜第10回 (Vol.86〜Vol.91)
- 特集「[詳解] Chrome Developer Tools」(Vol.89)
- 特集「Reactで作るシングルページアプリケーション入門」第5章「ユーザー体験の向上」(Vol.97)

●本書で利用しているブラウザのバージョン

本書は、以下のバージョンにおける情報を掲載しています。

- Chrome 63 (Chrome for Androidを含む)
- Firefox 56
- Safari 11
- Edge 16 (バージョン番号はEdgeのレンダリングエンジンであるEdgeHTMLに対応)
- Internet Explorer 11
- Android Browser 4.4.4 (バージョン番号はAndroid OSに対応)
- iOS Safari 11

●図版のアイコン

本書の一部の図版のアイコンには、SAKURA Internet Inc.が提供する「さくらのアイコンセット」を利用しています。「さくらのアイコンセット」は、クリエイティブ・コモンズの表示4.0国際ライセンスで提供されています。

http://knowledge.sakura.ad.jp/other/4724/

はじめに

　本書では「超速！」と銘を打って、Webページの速度を改善するためのノウハウを紹介します。Webページの速度は、みなさんのビジネスにおけるWebの価値を大きく左右します。本書は、Webページの何が遅くて、どのように対応すれば速くなるのかを理解するために必要な体系的知識を提供し、開発者がWebページの速度を効率的に改善できるようにするために執筆しました。

　Webページの速度は、Webフロントエンドで起きる出来事によってほとんどが決定されます。HTMLをネットワークから取得し、CSSや画像などのサブリソースの取得と評価を行い、そしてページをレンダリングするという一連の流れの中には、数多くの処理が含まれています。これは、たとえサーバサイドアプリケーションが高速であったとしても、それを台なしにしてしまうほどのインパクトを持っています。

　Webフロントエンドの高速化は、向き合い続けなければならないテーマです。新しいデバイスや技術、表現が続々と登場する中で、不安定なモバイル通信でも、性能が低いデバイスでも安定して快適に動くWebページを提供することは、より多くのユーザーに使ってもらうために必要なことです。

　Webフロントエンドを高速化するためには、継続的な計測と運用中の改善を通して、プロダクトと日常的に向き合うことが最も重要です。毎日のコンテンツ更新や運用による実装の変更、閲覧しているクライアント側の環境条件によっても、速度は常に変化します。これらをどのようにとらえ、調査から改善へのアクションに結び付けていくかを学ぶ必要があります。

　本書では、ネットワーク処理、レンダリング処理、スクリプト処理の3つを取り上げ、これらを詳しく説明することでWebフロントエンドの高速化に関する知識を網羅します。各テーマについては、基礎知識の章と、実践的な問題の調査と改善の章の2本立てで解説を進めます。これにより、現実のプロダクトに対して、調査によって個別の問題に分解して把握する力

と、それに対する適切な改善を実行する力を身に付けられます。また、Webページの速度に大きな影響を与える画像形式の解説や、高速化に役立つことが期待される新技術の解説も行います。

　本書は、Webフロントエンド開発者だけでなく、すべてのWeb開発者にとって有用な1冊であることを確信しています。Webフロントエンドの高速化によって、ユーザー体験が広く向上することを願っています。

2017年11月　　佐藤 歩

泉水 翔吾

▌謝辞

　本書の執筆に際し、数多くの方々にレビューをしていただきました。

　矢倉眞隆さんとJxckさんには、本書のテクニカルレビューをしていただきました。本書で扱っている広範なWeb技術の正確性および言及している内容について、多くの貴重なご意見をいただきました。

　また、株式会社サイバーエージェントのFRESH!チームのみなさん、有限会社アップルップルのみなさん、谷拓樹さんには、草稿をレビューしていただき、多くのご指摘をもらいました。

　本書の執筆は2016年の頭から始まり、約2年の期間を経て出版にいたりました。編集を担当していただいた株式会社技術評論社の稲尾尚徳さんには、『WEB+DB PRESS』の連載を含めると2014年半ばから約3年半もの間、拙い文章の校正に根気よく付き合っていただき、感謝の念に堪えません。

　執筆に関わってくださったみなさん、本当にありがとうございました。著者両名、心より厚くお礼申し上げます。

ブラウザの対応状況

ブラウザの対応状況については、特筆がない限り本書執筆時点の各最新バージョンを対象として、Chrome 63（Chrome for Android を含む）、Firefox 56、Safari 11、Edge 16（バージョン番号は Edge のレンダリングエンジンである EdgeHTML に対応）、Internet Explorer 11、Android Browser 4.4.4（バージョン番号は Android OS に対応）、iOS Safari 11 における情報を掲載しています。そのほか、Opera のように Chrome と同じ Blink レンダリングエンジンを搭載するブラウザについては、基本的に Chrome と同水準の対応状況にあるとして本文中での紹介は割愛しています。

Internet Explorer と Android Browser は OS 標準ブラウザの位置付けを、それぞれ Edge（Windows 10 以降）と Chrome（Android 5 以降）に譲っていて、新規の機能開発は終了しています。そのため、Internet Explorer と Android Browser については、現時点で対応していない仕様は今後も対応される見込みがないことに注意してください。

本書で解説する新技術には、安定した仕様だけでなく、策定中の実験的な仕様も含みます。最新の策定状況やブラウザの対応状況については、「Mozilla Developer Network」[注1]や「Can I use」[注2] などを参考に、適時確認してください。また、ブラウザごとの細かな実装状況やロードマップについては、「Chrome Platform Status」[注3]、「Firefox Platform Status」[注4]、「Microsoft Edge web platform features status and roadmap」[注5]、「WebKit Feature Status」[注6] が役立つでしょう。

注1　https://developer.mozilla.org/
注2　https://caniuse.com/
注3　https://www.chromestatus.com/features
注4　https://platform-status.mozilla.org/
注5　https://developer.microsoft.com/en-us/microsoft-edge/platform/status/
注6　https://webkit.org/status/

サポートページ

本書のサンプルコードは、下記サポートサイトからダウンロードできます。正誤情報なども掲載します。

```
http://gihyo.jp/book/2017/978-4-7741-9400-4/support
```

第 1 章
Webページの速度   1

1.1
Webページの速度とは何か

1.2
Webページの速度の重要性

1.3
Webフロントエンド高速化のポイント

1.4
Webフロントエンド高速化の取り組み方 16

1.5
Webページの調査に必要なブラウザの開発者ツール 23

1.6
Webページのリソース最適化に必要なNode.js 26

2.3
ネットワーク処理の調査と計測 47

第3章

ネットワーク処理の調査と改善 75

3.6
まとめ

第4章
レンダリング処理の基礎知識

4.1
スムーズなUIとスムーズでないUIの違い

4.2
レンダリング処理の基本

第 6 章
スクリプト処理の基礎知識 169

6.4
まとめ

第 7 章
スクリプト処理の調査と改善   185

7.1
重いスクリプト処理の調査と改善

7.2
メモリリークの調査と改善

Webページの速度

　本書のメインテーマはWebページの速度です。一般のユーザーがWebをどのように使っているのか、Webそのものが今どのように変化しているのかを知ることで、速度の重要性が理解できます。

　本章ではWebページの速度の定義から始まり、その重要性やWebの動向を踏まえた背景、改善に取り組む際の基本的な考え方などについて順を追って解説していきます。

1.1
Webページの速度とは何か

　Webページが遅いことによるイライラは、みなさんも日常的に経験していることでしょう。一口に遅いと言っても、その遅いという現象が具体的に何を指しているのか、その原因もさまざまです。サーバサイドからネットワークインフラ、クライアントサイドに至るまでの各所に、Webページを遅くしてしまう要因が存在します（**図1.1**）。

　WebフロントエンドエンジニアがWebページの速度を表現するには、大きく分けてページロードとランタイムという2つの観点があります。この2つがいずれも高速であれば、そのWebページは速度面において高い品質を実現できていると言えます。自分が改善したい箇所がどちらの速度を指しているのかを正しく理解できていれば、そこにどのような要因が影響しているのかを調査し、改善に結び付けられるでしょう。

図1.1　　Webページを遅くする要因

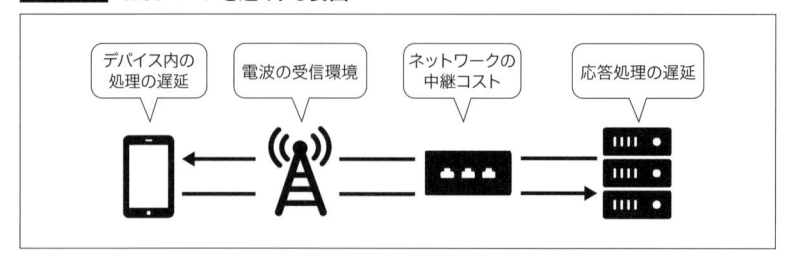

ページロードの速度 ── ページが表示されるまでの速度

　ページロードは、ナビゲーションを開始してからページが表示されるまでの一連の処理を指します。ブラウザのロケーションバーにURLを入力したり、リンクをクリックしたりしたときに行われるWebページの読み込み速度がページロードの速度と言えます（**図1.2**）。

ランタイムの速度 ── ページ上での操作に対するUIの応答速度

　ランタイムは、操作に対するUI（*User Interface*）の応答や画面の更新など、Webページの実行時の動作を指します。ボタンを押したときのUIの応答速度や、スクロールしたときやアニメーションが実行されたときの動きの滑らかさといった操作感に関わる性能がランタイムの速度と言えます（**図1.3**）。

図1.2　ページロードの速度

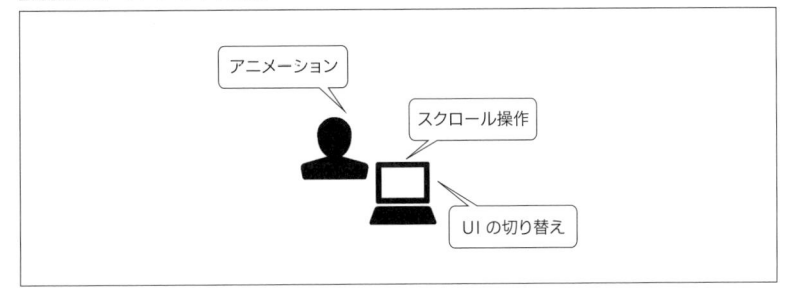

HTMLのロード
CSS、JavaScript、画像のロード
レンダーツリーの構築
描画処理の実行

ナビゲーションの開始　　　　　　　　　　Webページの表示

図1.3　ランタイムの速度

アニメーション

スクロール操作

UIの切り替え

1.2

Webページの速度の重要性

Webのプロダクトにおいて速度は、非機能要件の一種である性能要件としてとらえられます。この速度という要件がWebにとってなぜ重要なのか、ビジネスへの影響、環境の多様化、実装技術の変化という3つの観点から説明していきます（**図1.4**）。

ビジネスへの影響

ページロードの速度がビジネスに重要な影響を与える例はこれまで数多く示されてきました。過去の検証によって、ページ速度の向上がコンバージョン[注1]やエンゲージメント[注2]に良い影響を与えることがわかっています。

Webページの遅延によるユーザー体験の悪化

ページロードやランタイムの速度が遅延すればユーザー体験は悪化しますし、それに伴うビジネス的な指標にも確実に影響します（**図1.5**）。

たとえばページロードの速度は、検索結果やSNS（*Social Networking Service*）などを経由してWebページが開かれるときのユーザー体験に影響を及ぼしま

注1　商品の購入や資料請求などビジネス上のゴールにつながる成果を指します。
注2　提供するビジネスとユーザーの接触機会を指します。

図1.4　Webページの速度が重要な3つの理由

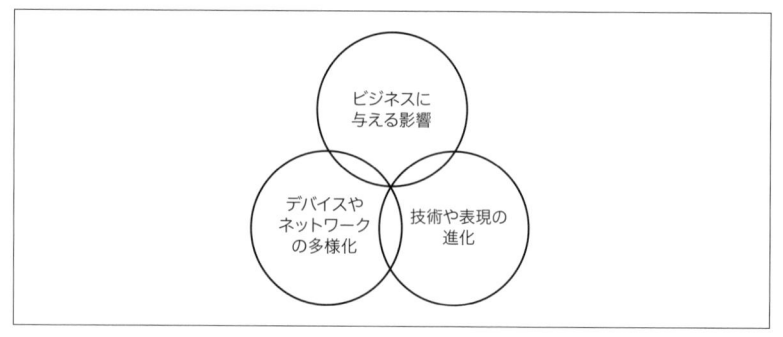

す。SNSのモバイルアプリからWebサイトを開こうとすると、多くの場合アプリ内ブラウザが立ち上がりますが、このときページの表示速度が遅いとユーザーはアプリ内ブラウザをすぐに閉じてSNSのタイムラインに戻ってしまうかもしれません。EC分野のようにWebページ内におけるユーザーの行動が売り上げに直結する性質のビジネスだと、その影響はより大きくなるでしょう。

　ランタイムの速度も同様にユーザー体験に影響を与えます。新製品の紹介や、キャンペーン告知、ブランディングを目的としたWebページでは、高度なアニメーションや凝った表現でユーザーに訴求することがあります。このようなWebページで動きのスムーズさが十分に確保されていないと、かっこ良いや美しいなどのポジティブな印象ではなく、重かった、使いづらかったというネガティブな印象だけを残してしまう恐れがあります。

▎GoogleとMicrosoftの事例 —— 遅延による収益の悪化

　ここからは、Webページの速度によるユーザー体験が、ビジネス的な指標に対して影響を及ぼした事例を見ていきましょう。

　GoogleとMicrosoftの検索エンジンチームによって2009年に発表された調査内容[注3]では、サーバサイドのレスポンスが0.5秒遅延することで1ユーザーあたりの収益が-1.2%、1秒遅延することで-2.8%、2秒遅延すること

注3　http://conferences.oreilly.com/velocity/velocity2009/public/schedule/detail/8523

図1.5　　Webページの速度によるユーザー体験の変化

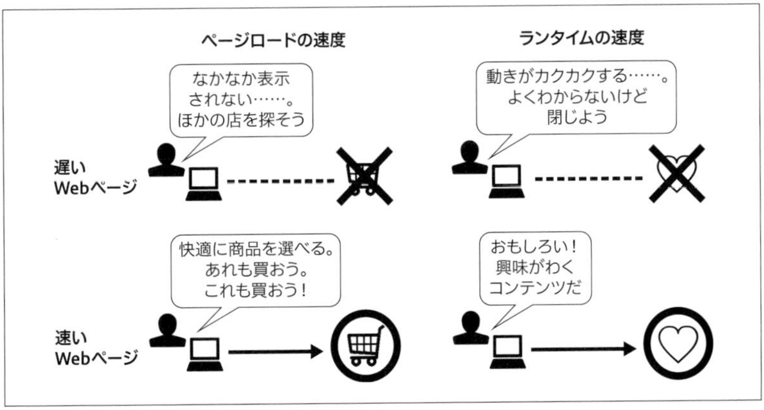

で-4.3％になることが明らかになりました。検索エンジンという、提供サービスと収益となる広告がどちらもWebで完結する事業の場合、Webページの速度が収益にも非常に大きいレベルで影響することがわかります。

アメリカ大統領選挙の事例 —— ロードの高速化によるコンバージョン率の向上

2011年から2012年にかけて運用されたアメリカ合衆国大統領選挙におけるオバマ氏のキャンペーンサイトに関して発表された内容[注4]では、キャンペーンサイトを刷新した際にWebページのロード速度が60％高速化された結果、寄付のコンバージョン率が14％も向上したとしています。さらに240ものA/Bテストを繰り返すことで、追加で推定49％ものコンバージョン率を向上させています。このキャンペーンの寄付総額は11億ドルにも及びました。

Netflixの事例 —— ネットワーク転送量の削減によるコストの削減

Netflixの事例として2008年に発表された内容[注5]では、Webページを高速化する最適化において各種リソースのファイルサイズを減らすことで、ネットワーク転送量をおよそ半分にできたとしています。

CDN(*Contents Delivery Network*)などのネットワークサービスを利用している場合、転送量による従量課金が一般的です。転送量の削減はそのままコストの削減にもつながります。これは、Webページの速度はユーザー体験だけでなく、運用コストにもインパクトを出し得るということを示しています。

自分たちのビジネスと速度の関係

これらの事例のようにみなさんが扱うビジネス上の指標とWebページの速度の相関関係または因果関係を厳密に示すことは、計測環境の整備やほかの要因の排除など難しいところはあります。しかし、ここで示した過去の事例を見るだけでもWebページの速度がビジネスに対して、どのようにプラスに働くのかを知る手がかりにはなるはずです。

Webページを速くする以前の話になりますが、前提として自分たちにとって注目すべきビジネス上の指標は何なのかをとらえることも必要です。

注4 http://kylerush.net/blog/meet-the-obama-campaigns-250-million-fundraising-platform/
注5 http://conferences.oreilly.com/velocity/velocity2008/public/schedule/detail/3632

何らかのコンバージョンレートなのか、離脱率なのか、直接的な収益なのか。さまざまなパターンがありますが、何らかのビジネス上のゴールイメージを持つことは重要です。そのうえで、Webページの高速化がビジネスゴールに対してどのように貢献できるのかを説明できると、周囲の理解も得やすく、目的に沿った効果的な取り組みになることが期待できるでしょう。

▌デバイスやネットワークの多様化

　サーバからクライアントにデータをダウンロードして実行するというしくみ上、回線やデバイスの性能が実行速度にも強く影響します。そのため、手もとの検証環境で速いだけでは意味がなく、あらゆる環境で快適に動作させるための高速化が重要です。

　Webにアクセスできる環境は変化し続けています。以前はインターネットを使ってWebページを閲覧するときは、デスクトップ型ないしノート型のPCを開いて家庭や職場の固定回線からアクセスすることがほとんどでした。ところが近年ではスマートフォンやタブレットを使い、モバイル回線でアクセスする頻度が日に日に高まってきています。このようなデバイスやネットワークの多様化が開発者にとってどのような影響を与えてきているのか考えてみます（**図1.6**）。

図1.6　　**多様な環境からのWebアクセス**

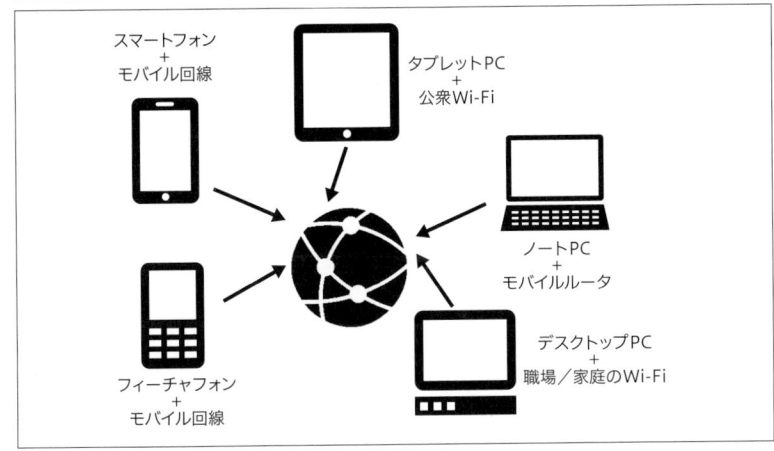

非力なモバイルデバイスの台頭

　スマートフォンやタブレットをはじめとしたモバイルデバイスは、およそ10年ほど前から急速に普及し始めました。2007年にAppleが発売したiPhoneや、2008年ごろ市場に登場したGoogleのAndroid搭載デバイスが代表的です。これらのモバイルデバイスに搭載されたブラウザは、日本市場で大きくシェアを広げていたiモードなどと違って、既存のPC向けWebページを閲覧でき、PC向けのブラウザと比べても遜色ないものでした。

　スマートフォンに関しては特に成長が著しく、日本でも**図1.7**のように2010年から急激に普及し、2013年には世帯普及率が60%を上回っています。タブレットについても、スマートフォンほどではありませんが2014年には世帯普及率25%を上回っています。

　モバイルデバイスの普及によって、Webページへのトラフィックもコンテンツのカテゴリにもよりますが、相当な割合がモバイルデバイスからのものになってきています。しかし、モバイルデバイスはモバイル用途に小型化されていることもあってデスクトップPCやノートPCと比べると、CPU

図1.7　情報通信端末の世帯保有率の推移

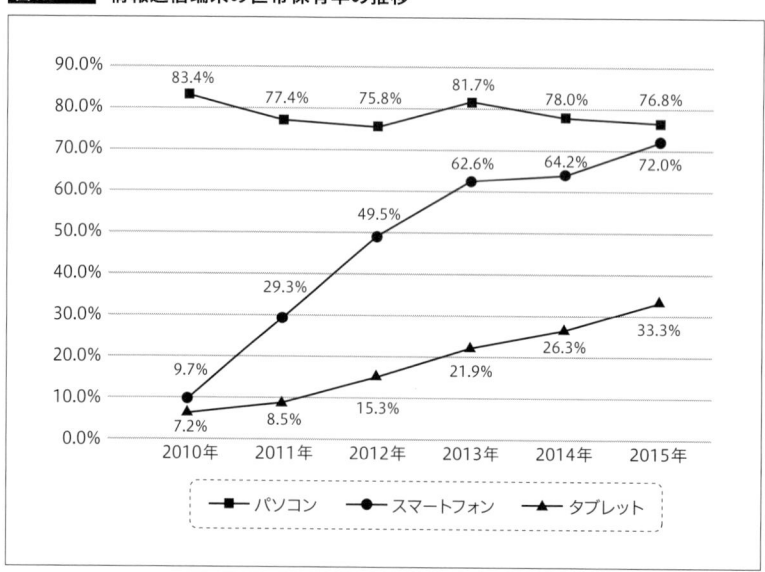

※ 総務省「平成28年版情報通信白書」(http://www.soumu.go.jp/johotsusintokei/whitepaper/ja/h28/html/nc252110.html)より作成。クリエイティブ・コモンズ 表示 2.1 日本 ライセンスの下に提供されています。

やメモリ、グラフィック処理などの性能で劣ります。モバイルデバイスの性能も年々高まってはいますが、やはりPCと比べると次に説明するモバイル回線の事情と合わせて非力と言わざるを得ません。

▌低速なモバイル回線の普及

モバイルデバイスの普及によって、それまで限定的に使われていたモバイル回線が、本格的に通常のWebページの閲覧に使われるようになりました。モバイル回線は、モバイルデバイスと基地局の間を電波で通信する都合上、遮蔽物やほかの電波との干渉によってつながりやすさも速度も不安定です。

日本国内で言えば、スマートフォンが普及し始めた2008年ごろのモバイル回線は3G規格であり、仕様上の通信速度は高速移動時で144kbps、低速移動時で384kbps、静止状態で2Mbpsでした。理論値どうしでの比較になってしまいますが、当時の光回線が最大で100Mbpsを超えていたことからもモバイル回線の貧弱さがわかります。

Akamai Technologiesが公開している「State of the Internet / Connectivity Report」[注6] の2017年第1四半期時点の日本国内におけるモバイル通信の平均速度は15.6Mbpsです。同じレポートの2015年第4四半期時点では9.9Mbpsだったことを踏まえると、4G/LTE規格の普及など通信網の整備により、モバイル回線自体も高速化が進んでいることがわかります。しかし、Webページに含まれるコンテンツのデータ量もそれを上回る勢いで肥大化しているため、劇的に環境が良くなっているとは言いがたい状況です。

興味があれば、モバイルに限らないネットワークの現状を調査したホワイトペーパーが定期的に各所で公開されているので、それらに目を通してみるとよいでしょう。日本国内で言えば総務省が情報通信白書[注7] をはじめとした各種の調査結果を公開しています。先に挙げたAkamai Technologiesを始めとして、世界的なネットワーク関連企業もホワイトペーパーを公開していることがあります。これらの資料には調査結果だけでなく今後の予測的な見解も書かれているため、今後のネットワーク速度との向き合い方を考えるうえで参考になります。

注6　https://www.akamai.com/us/en/about/our-thinking/state-of-the-internet-report/global-state-of-the-internet-connectivity-reports.jsp

注7　http://www.soumu.go.jp/johotsusintokei/whitepaper/

低スペックを前提とした高速化が必要

モバイルデバイスとモバイル回線によるWebページへのトラフィックは年々増え続けています。低スペックなモバイルデバイスと不安定なモバイル回線を前提としてWebページの速度を最適化すれば、より良好な環境ではもっと速いことが保証されます。

すべてのWebページは、モバイル環境から閲覧される前提において十分な速度で提供されることが望ましいと言えます。もちろん、高度な表現のためにあえて閲覧時の要求スペックが高いことを明示したWebページであればその限りではありませんが、その場合でも富豪的に作るのではなく、限られたリソースを最大限活かしたうえで要求スペックを考えたいところです。

また、モバイル環境だけでなく、車載デバイスやテレビなどでも、UIがWeb技術によって作られた製品が登場しています。これから先、さまざまなデバイスに搭載されることにより、Web技術が利用される幅が拡がっていく可能性があります。それらのデバイスが高い処理性能や安定したネットワークを持っているとは限りません。そのような環境下でも高速に実行されるUIを作るためにも、本書で述べる高速化のノウハウは役に立つことでしょう。

技術や表現の進化

利用技術と表現の変化もWebページの速度に影響を与えています。前項で述べたモバイルデバイスも年々高性能になっていますし、モバイル回線も新しい高速な通信規格やWi-Fiネットワークの普及が進んでいます。それでも多くの閲覧環境がいまだに非力なのは、実行環境の進歩と同じ速度かそれ以上に、Webページを構成するフロントエンド技術と求められる表現が高度になっているためです。今後登場する技術を活かし、より高度な表現を実現していくためにも高速化が必要です。

コンテンツのリッチ化によるネットワークの圧迫

近年、ディスプレイの大型化やAppleのRetinaディスプレイのような高精細ディスプレイの普及に伴って、Webページが閲覧される環境の想定解像度は大きくなる傾向にあります。それに伴い、Webページに含まれる画

像に求められる解像度も大きくなってきています。また、画像以外に、音声や動画などのマルチメディアコンテンツが利用されることも増えてきています。特に動画コンテンツを扱うWebサービスや広告は国内外のいずれを見ても成長が著しく、Ciscoが発表した全世界のモバイルデータトラフィックの予測[注8]では、2021年までに世界のモバイルデータトラフィックの78％が動画になるとの予測がされており、2016年時点でもすでに全体の60％を占めているとされています。

実装技術の高度化と要求スペックの向上

メールクライアントや作図、地図、プロトタイピングなどの用途を持ったインタラクティブなWebアプリケーションでは、テキストや画像の表示が中心のWebサイトよりも、複雑なロジックと高度な実装技術が用いられます。JavaScriptの実行のためにCPU性能の要求水準は高くなりますし、規模が大きいプロダクトはそれだけでメモリを多く使用します。

インタラクティブな表現の分野においても、3次元コンピュータグラフィクスを扱うWebGLが広まりをみせるほか、VR（*Virtual Reality*）デバイスとブラウザが連携するためのWebVRといった仕様の検討が進んでいます。このような技術を使用したWebページでは、これまでにない表現が実現できる一方で、要求される性能も高くなることでしょう。

求め続けられる高速化

ネットワークやデバイスの処理性能が高くなる一方で、Web標準技術という巨大なプラットフォームで実現できることの可能性も広がり続けています。高度な表現を盛り込んで遅くなってしまったWebページであっても、ネットワークやデバイスの処理性能が十分に高くなるのを待てばいつかは速くなりますが、我々はそれを待っているわけにはいきません。

開発者に求められていることには、技術を駆使して新しい体験を提供するためにチャレンジすることだけでなく、そうやって生み出された価値をより速く、より最適な形でユーザーに届けることも含まれます。ネットワ

注8　http://www.cisco.com/c/ja_jp/solutions/collateral/service-provider/visual-networking-index-vni/mobile-white-paper-c11-520862.html

ークやデバイスの処理性能が高くなることは、開発者にとって次のチャレンジへの伸びしろとしてとらえるべきであり、その伸びしろを十分に使い切るためにも、高速化は永遠に考え続けなければならない課題と言えます。

1.3
Webフロントエンド高速化のポイント

本節では、Webページの速度をフロントエンドから高速化する意義を踏まえつつ、どのような要因がWebページの速度に影響するのかを見ていきましょう。

Webフロントエンドから改善する意義

本書ではWebフロントエンド、つまりHTMLやCSS、JavaScriptをサーバからダウンロードしてブラウザ上で実行するクライアントサイド環境を中心にして、Webページの速度について調査、改善を考えていきます。

Webページの速度を支えるうえでサーバサイドやネットワークインフラも要素としてはもちろん重要ですが、誤解を恐れずに言えばWebフロントエンドほど重要な要素ではありません。Webページの速度を俯瞰（ふかん）するためには、Webフロントエンドから個々の事象をとらえることが必要です。

サーバサイドに期待できるのはリソース配信のみ

Webページの速度を考えるうえでサーバサイドやネットワークインフラに期待することは、Webページのリクエストが行われたら、速やかにHTMLがレスポンスされることです。昨今CMS（*Content Management System*）やブログツールが一般化したこともあり、一般的なWebページでも、サーバサイドでは何らかのアプリケーションがデータベースへの問い合わせなどを処理してHTMLをレスポンスしていることがほとんどです。HTMLのレスポンスが遅いようであれば、そのようなサーバサイド処理の改善も必要です。

HTMLを取得したあとのブラウザは、**図1.8**のようにHTMLを評価して画像やJavaScript、CSSなどのさまざまなサブリソースをダウンロードし、

その内容を評価してユーザーに表示すべき情報を構築します。このときのサブリソースについても最初のHTMLと同様に、高速な配信と適切なキャッシュ設定などが期待されますが、そもそもどのようなリソースをどのような優先度で取得するかはフロントエンドの実装の中で決まります。

　高速なリソース配信はWebページの速度を高めるために必要ですが、ブラウザによるリソースの取得はWebページを表示するプロセスの中のほんの一部であり、それだけでは劇的な速度改善は望めません。そこで、Webページを表示するプロセスのうち残りの大半を占めるフロントエンドの観点から改善するアプローチが重要になってきます。

▌ Webページの速度はフロントエンドが一番重要

　Webページの速度に関する名著『ハイパフォーマンスWebサイト』[注9]や『続・ハイパフォーマンスWebサイト』[注10]の著者であるSteve Souders氏は、「the Performance Golden Rule」[注11]ほか、著書や講演の中で次のようなことを述べています。

注9 Steve Souders著／武舎広幸、福地太郎、武舎るみ訳『ハイパフォーマンスWebサイト —— 高速サイトを実現する14のルール』オライリー・ジャパン、2008年

注10 Steve Souders著／武舎広幸、福地太郎、武舎るみ訳『続・ハイパフォーマンスWebサイト —— ウェブ高速化のベストプラクティス』オライリー・ジャパン、2010年

注11 http://www.stevesouders.com/blog/2012/02/10/the-performance-golden-rule/

図1.8 **HTMLを起点としたサブリソースへのリクエスト**

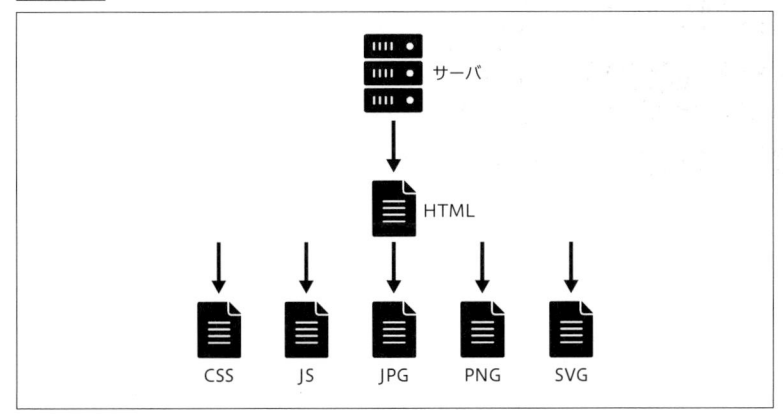

80-90% of the end-user response time is spent on the frontend. Start there.

　いわく、エンドユーザーに対するレスポンスタイムのうち80％から90％はWebフロントエンドで発生しているということです。サーバはクライアントの中で何が起こっているかを知り得ませんが、クライアントはサーバからどのようなリソースを取得し、どの程度の時間をかけてダウンロードできたかをすべて知っています。

　Webページをダウンロードして実行するという一連のプロセスは、すべてWebフロントエンドの中で行われていると言っても過言ではありません。サーバサイドがいかにHTMLを速くレスポンスしたとしても、Webフロントエンドに不備があればWebページの速度をすべて台なしにしてしまいます。

Webフロントエンドを高速化する3つのポイント

　Webページの速度に影響を与えるWebフロントエンド上の要因を実装観点で整理すると、ネットワーク処理、レンダリング処理、スクリプト処理の3つに分類できます。これらの要因がページロードとランタイムのそれぞれに影響することによって、Webページの速度が変わってきます。本書ではこの3つの要因を軸として、第2章以降でそれらを調査、改善するための具体的な説明をします。ここでは全体像をつかむために、それぞれの要因を簡単に紹介します。

ネットワーク処理 —— HTMLドキュメントやサブリソースの取得

　Webフロントエンドにおけるネットワーク処理とは、サーバから配信されるHTML、CSS、JavaScript、画像などの各種リソースを、ブラウザがダウンロードする処理を指します。このダウンロードに要する時間が短ければ、ページロードの高速化につながります。

　ネットワーク処理については、ページロードに強く影響するため昔から注目されていたこともあり、さまざまな高速化のノウハウがたまっています。それらのノウハウのすべてが今も有効とは限りませんが、少なくとも速度の計測手段が整備されているので、ほかの要因と比べると調査と改善

がしやすく感じられるでしょう。

　ネットワーク処理を改善する方法はいろいろありますが、たとえばダウンロードすべきリソースの数やファイルサイズの最適化などが考えられます。どのように調査、改善を進めるかについては、第2章と第3章で説明します。関連して第8章では画像形式について、第9章ではネットワーク処理の効率化に役立つ今後の技術について、それぞれ紹介します。

▌レンダリング処理 —— ディスプレイへの表示

　Webフロントエンドにおけるレンダリング処理とは、HTMLとCSSに基づいて要素をレイアウトして表示したり、画像をラスタライズ[注12]して表示したりする処理を指します。ページロードとランタイムの両方に関わる処理ですが、レンダリング処理自体の遅延が問題になりやすいのはランタイムのときでしょう。

　近年のWebページで表現されるコンテンツのリッチ化などを背景として、レンダリング処理は潜在的な問題を抱えがちな要因です。jQueryプラグインをはじめとした再利用可能なパーツによってアニメーションなどの実装ハードルは下がっていますが、それが低スペックなデバイスでもスムーズに動くパーツであるかは導入時に検証が必要です。

　iPhoneやAndroidのネイティブアプリのメリットとして、高速でスムーズに動くUIを実現できるという点が挙げられますが、Webでもレンダリング処理を最適化すれば、ネイティブアプリのようにスムーズに動くUIの実現は不可能ではありません。

　レンダリング処理は、画面の更新に関わる各種の処理が効率的に実行されるようにすれば改善できます。どのように調査、改善を進めるかについては、第4章と第5章で説明します。

▌スクリプト処理 —— JavaScriptによる演算やDOM操作

　Webフロントエンドにおけるスクリプト処理とは、JavaScriptによる処理を指します。これもレンダリング処理と同じで、多くの場合はランタイムのときに問題になりやすいです。

注12　データをディスプレイに表示可能なビットマップに変換することです。

　問題がある場合のほとんどは、JavaScriptのロジックに問題があるか、JavaScriptによって操作されるDOM（*Document Object Model*）注13やスタイル、つまりレンダリング処理にまつわる部分の問題に集約されます。しかし、JavaScriptを多用した高度なアニメーションを含んでいたり、SPA（*Single Page Application*）注14として構築されていたりするWebページでは、スクリプトの計算量やメモリリークにも気を付ける必要があります。

　スクリプト処理はJavaScriptを丁寧にチューニングしていくことで改善できます。どのように調査、改善を進めるかについては、第6章と第7章で説明します。

1.4
Webフロントエンド高速化の取り組み方

　Webページの速度が重要であること、そしてWebフロントエンドから速度を改善するための考え方を説明してきましたが、ここでは速度を改善するための取り組み方を紹介します。いざ取り組もうとしたときに目の前にある問題は人それぞれですし、取り巻く環境も異なります。これから紹介するポイントは基本的なものではありますが、みなさんが改善に取り組むときのヒントになれば幸いです。

推測するな、計測せよ

　ソフトウェア開発の現場では、しばしば「Measure, Don't Guess」（推測するな、計測せよ）という教訓が用いられます。Webページの速度改善においても、この教訓が非常に当てはまります。

注13　HTMLやXMLにアクセスするためのAPIおよびそのデータ構造のことです。DOMに変換後のツリー状のオブジェクト集合をDOMツリーと言います。

注14　画面遷移やそれに伴う表示の更新などをすべてクライアントサイドのJavaScriptで完結させて、HTMLドキュメントの再読み込みを必要としないアプリケーション設計パターンのことです。

▍計測結果を前提にする必要性

Webページの速度を改善したいならば、最初に得るべきなのは現在の速度の計測結果です。ついやってしまいがちですが、いきなりコードを眺めて修正し始めるのは得策ではありません。その修正が速度の改善にどれくらいのインパクトがあるのか明らかではありませんし、無駄になってしまうことすらあります。コードを修正することと、速度を改善することは切り分けなければなりません。

計測や原因の調査をせずにやみくもに修正を加えたところで、運良く改善されればよいですが、それでは当てずっぽうのようなものであって再現可能なエンジニアリングとは言えません。改善に結び付かなければ、ただいたずらに実装の複雑性を高めただけで、将来的なメンテナンスに悪影響を及ぼしてしまうことすらあります（**図1.9**）。

Webページの速度改善は、なぜページロードが遅いのか、なぜランタイムのUIが鈍いのかを計測によって特定し、それを取り除くことで行うべきです（**図1.10**）。もちろん、時には原因を特定しきれず試行錯誤が必要にな

図1.9 　　**当てずっぽうな修正をしても意味がない**

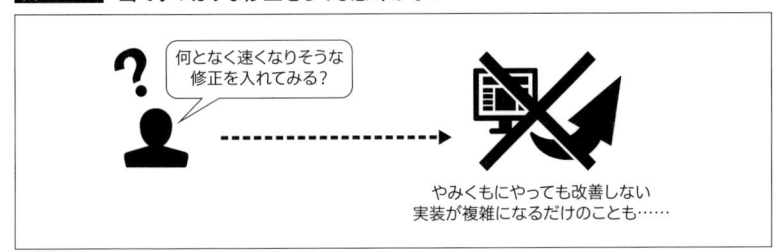

図1.10 　　**現状を調査した結果に基づいて改善する**

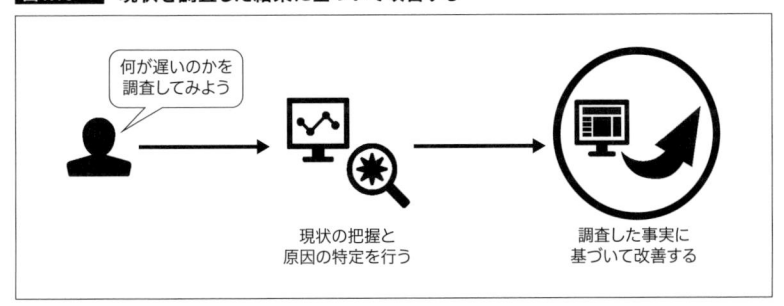

ることもあるかもしれませんが、あくまでやむをえない場合の手段であることを忘れないでください。

本書では、計測結果を前提にして改善することの重要性を踏まえ、ネットワーク処理、レンダリング処理、スクリプト処理について、それぞれ第2章、第4章、第6章で計測の方法を紹介したあと、続く章で具体的な改善方法を紹介します。

▌継続的な計測と改善の重要性

Webページの速度は、日々の開発や運用で刻一刻と変化していきます。時にはスポット的な速度改善も必要ですが、しばらくするとほかの要因で速度が遅くなってしまいますし、速度が劣化していることに気付かないままますぎてしまいます。そうならないためにも、日々計測し、日々改善するためのしくみ作りも重要です。

特にページロードの速度は、昔から注目され続けていた分野の一つであり、継続的な計測を実現する方法も数多く存在します。改善指標の決め方や計測の運用方法は第2章で解説します。ページロードの速度と向き合い続けることで、何の変更が要因となって速度に変化があったのかも見えてきます。

ランタイムの速度については継続的な計測方法が一般化されていない状況ですが、確実なのは低スペックデバイスやいろいろなブラウザを自分でこまめに触ってみることです。余談ですが、UIや画面遷移にダイナミックな動きを実装するときにランタイムの速度をはじめから気にしすぎると、理想的な動きを実現する以前に細かい処理の速度に気を取られて開発が滞ってしまいがちです。そんなときは理想的な動きをいったん実現するフェーズと、それがより快適に動くようランタイムの速度を向上させるフェーズを分けて考えたほうがスムーズに開発を進められます。

▌不特定多数の環境で実行されることへの配慮

Webページは不特定多数のデバイス上で実行されます。自分の開発環境で高速に動作することがゴールではありません。低スペックなデバイスやモバイル回線を使ったチェックを怠ると、気付かないうちに一般ユーザー

にとって遅くて使いづらいWebページを提供してしまっている可能性があります。継続的な計測による客観性は重要ですが、さまざまな環境でどれくらいの速度が得られるのかという肌感も開発者には必要です。

▎開発者の特殊なハイスペック環境

　開発者は作業効率のため、一般ユーザーよりも高スペックなマシンを普段から使っている傾向にあります。スマートフォンなどのデバイスに対する関心も一般と比べれば高いことでしょう。新しいモデルが出るたびに買い換えてしまう人もいるかもしれません。また、オフィスや自宅では高速で安定したネットワークを利用していることでしょう。

　ところが、一般のユーザーが最先端のデバイスを使っていることはまれであり、ネットワーク品質もモバイルはもちろん各家庭、職場によってもまちまちです。開発者は閲覧環境としては、特殊な環境で開発しているという自覚が必要です。

▎想像を超えて不安定な実行環境

　たとえば、筆者は実家に帰省すると、大手通信キャリアであっても3Gの電波が1〜2本しか立たないため、モバイル通信はあまりアテにできません。日本全国あるいは世界中に、このような環境があるということを認識する必要があります。そうしないと我々は、いつまでも潤沢なリソースを期待して通信資源をむやみに浪費するだけで、ユーザーに届かないWebページを作り続けることになってしまいます。

▎速度の肌感を得るためのチェック

　クロスブラウザの動作チェックと同時に、低スペックなPCやモバイル回線も使って動作と速度をチェックしてみてください。多少遅くても、特定の古いブラウザまたはデバイスだからしょうがない、と思うこともあるかもしれません。そんなときは実際のシェアを確認して対応の要否を判断するべきです。開発者の思い込みで判断をしてしまうことは得策ではありません。

　Webフロントエンドでは、デバイスのスペックもブラウザの種類もバラバラで、ネットワーク経路の状況もわからない不確定性の高い環境の中で、

いかに速く Web ページを実行できるかが重要です。そのためにも今のプロダクトがどの程度のスペックのデバイスで、どの程度のネットワークなら快適に動くのかという自分自身の肌感は、改善を考えるうえで役に立つことでしょう。

目標にすべき速度の具体的基準

Web ページは速ければ速いほど良いとはいえ、何の目安もなしに改善を試みるのは得策ではありません。ここでは目標にすべき理想的な速度はどれくらいなのかを紹介します。

ユーザーは目的を持って操作しているときはもちろん、なんとなく Web ページを見ているときにも遅延に敏感です。遅延にもいろいろな種類があり、コンテキストによって許容される遅延時間も変化します。具体的にどの程度の速度であれば遅延を感じないのかは、人間の認知機能に関する研究の知見が役に立ちます。

ユーザーが待てる応答時間の限界

コンピュータ分野におけるユーザビリティの権威である Jakob Nielsen 氏は 1993 年の記事「Response Times: The 3 Important Limits」[注15] で応答時間の限界について、Robert B Miller 氏による 1968 年の研究を参考に**表1.1**の基準を挙げています。

いわゆるページロードの速度は、ブラウザのナビゲーション操作に相当するので、この表によれば 1 秒が限界時間であるとわかります。また、ランタイムの速度は UI 操作の応答性に相当するので、この表によれば 0.1 秒が限界時間であると考えられます。みなさんの実体験としても、よほどせ

注15　http://www.nngroup.com/articles/response-times-3-important-limits/

表1.1　Jakob Nielsen 氏が示した基準時間

応答時間による限界	基準時間
瞬時に応答があって自分が UI を直接コントロールしていると感じられる限界	0.1秒
遅延を伴うが一連のナビゲーションが間断なく進んでいると感じられる限界	1.0秒
操作中のアプリケーションに関心を向けていられる限界	10秒

っかちでなければリンクをクリックしたとき1秒くらいは待てるはずですが、たとえばすでに開かれているページのタブUIの切り替えに0.1秒以上かかるようであれば、操作に遅延を感じるはずです。

　この応答時間の基準は、Webページに限らず、人間とコンピュータがやりとりをする際の普遍的な限界です。これをベースに、Webページの速度とWebフロントエンドの実装観点からわかりやすく整理、追加されたモデルが次に紹介するRAILモデルです。

▌RAILモデル ── アプリケーションの各タイミングにおける応答時間の基準

　RAILモデル[注16] は、Webページの速度の重要性について啓蒙するGoogleのエヴァンジェリストたちによって紹介されているモデルです。これはResponse、Animation、Idle、Loadの頭文字をとったもので、それぞれのタイミングの応答時間について**表1.2**の目標値を掲げています。表1.1と一部共通する目標値としては、「遅延を伴うが一連のナビゲーションが間断なく進んでいると感じられる限界」がLoadに相当し、「瞬時に応答があって自分がUIを直接コントロールしていると感じられる限界」はResponseに相当します。

　このモデルでは、ページロードやUIの操作に伴う応答があるまでの時間だけでなく、アニメーションをスムーズにするための1フレームあたりの時間や、アイドル状態[注17] で実行される繰り延べ処理の目標時間も示しています。Webフロントエンド実装の立場からWebページの速度と向き合うためのモデルと言えます。

　Idleだけわかりづらいところがあるので補足します。アイドル中に何ら

注16　https://developers.google.com/web/fundamentals/performance/rail
注17　実行すべきタスクがなく、メインスレッドが空いている状態です。

表1.2　**RAILモデルにおける応答性の目標時間**

応答性のタイミング	目標時間
Response (UI操作の応答があるまでの時間)	100ミリ秒
Animation (アニメーション1フレームあたりの時間)	10ミリ秒
Idle (アイドル状態で行われる処理単体の時間)	50ミリ秒
Load (ページロードの時間)	1,000ミリ秒

かの処理を行っていたとき、UI操作に起因する処理の割り込みが発生した場合に優先すべきは、UI操作に伴う応答をResponseの基準に沿って100ミリ秒以内に行うことです。アイドル中の処理としては、定期的なデータの同期などの、現在の画面更新には直接影響しないバックグラウンドタスクのようなものが考えられます。このようなアイドル中の処理が50ミリ秒程度におさまっていれば、残りの50ミリ秒で応答を行えることが期待できます。逆にメインスレッドを長時間占有するような処理がアイドル中に行われていると、UIの操作に伴う応答も遅延してしまう可能性があります。

エンジニアリングだけでは解決できない問題

Webページの速度はエンジニアリングで解決できる面も多いのですが、最終的にはどのようなコンテンツを掲載し、どのようなビジュアルやインタラクションを実現するかといった面にも大きく依存します。本書ではコンテンツやビジュアルの設計について詳細を述べることはしませんが、実際の業務では無視できないポイントです。

1ページで見せたいコンテンツが多すぎるようであれば、件数を減らしたり、内容の取捨選択を行ったりする必要があるでしょう。魅力的なビジュアルを実現しつつも読み込むリソースを最適化するためには、UIコンポーネントとしての規則性を整えることも重要です。気持ちの良いインタラクションであっても、最高の環境でなければスムーズに動かないようでは意味がないので、表現か実装、またはその両方を工夫しなければなりません。

速度の問題はけっしてエンジニアだけのものではありません。デザイナーやプランナー、マネージャーなど、同じプロダクトと向き合うメンバー全員の共通認識とされるべき問題です。本書は開発者を対象に書かれていますが、Webページの速度を高めることの価値と重要性については、これまでに十分お伝えしたつもりです。ぜひ、みなさんのチームでもWebページの速度を高めることが、プロダクトの価値向上につながるということを共有してください。そのためにも、継続的な計測環境を用意し、メンバー全員が常に速度という品質に向き合えている状況を作ることが重要です。

Webページの調査に必要なブラウザの開発者ツール

　開発者ツール（またはデベロッパーツール）は、Chrome、Firefox、Safari、Edgeといった主要なブラウザには備えられている機能です。開発者は日ごろからこのツールを利用してWebページのデバッグなどを行っていますが、本書で扱うWebページの速度改善にも非常に有用です。

Chromeの開発者ツール（DevTools）

　Chromeに付属している開発者ツールは、開発者ツールの中でも多くの開発者に慣れ親しまれているツールでしょう。ユーザーのフィードバックなどを受けつつ、Chrome本体のアップデートとともに頻繁な更新が続けられています。

　本書では開発者ツールとして、このChromeの開発者ツールを用います。本書の以降ではDevToolsと呼びます。

本書で利用するバージョン

　Chromeには3つのリリースチャンネルがあり、それぞれStable（安定版）、Beta（ベータ版）、Dev（開発版）となっています。Chromeのリリースライフサイクルはおよそ6週間と短めであり、BetaやDevもほどなくしてStableになるので、確認用はStableであっても開発用にはBetaやDevを使うのもよいでしょう。

　本書では執筆時点の最新DevチャンネルであるChrome 63をターゲットに紹介します。そのため最新版とは実装されている機能やインタフェースの細部が異なる可能性がありますのでご了承ください。

　なお、リリースチャンネルとは別にCanaryビルド[注18]も提供されており、これは頻繁に更新される代わりに、不安定な最新版という位置付けです。Canaryビルドに限っては、インストールしても各リリースチャンネルとは別のプロファイルで管理されるので、気軽に併用できます。

注18　https://www.google.com/chrome/browser/canary.html

▌ DevToolsの起動方法

　DevToolsを起動するには、Chromeを起動した状態でウィンドウ内右上の図1.11❶のメニューアイコンから、「その他のツール」➡「デベロッパーツール」を選択するか、WindowsとLinuxであればCtrl+Shift+I、macOSであればCommand+Option+Iのショートカットキーを押下すると、図1.11❷のように起動します。

▌ DevToolsの基本機能

　DevToolsでは次のようなパネルが機能単位で提供されており、これらを使って閲覧中のWebページをデバッグできます。これらのパネルはDevToolsの上部メニューに、そのほかのボタンと一緒に配置されています。

- **Elements**
  DOMやスタイルの調査、編集

- **Console**
  アプリケーション出力の表示や、インタラクティブなJavaScriptの実行

図1.11　DevToolsの起動方法

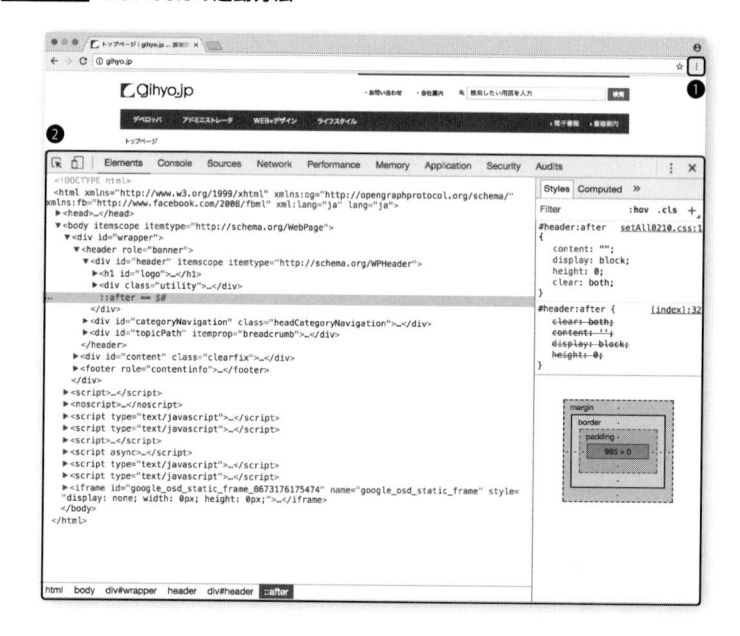

- **Sources**
  ロードされた CSS や JavaScript ファイルのデバッグ

- **Network**
  発生したネットワーク処理の詳細表示

- **Performance**
  Web ページの実行時に発生するブラウザ内部処理の計測

- **Memory**
  ヒープ情報の取得、スクリプト処理の詳細な計測

- **Application**
  Service Worker、各種ストレージ、Cookie などのデバッグ

- **Security**
  Web ページがセキュアであるかどうかの調査

- **Audits**
  ネットワーク性能やアクセシビリティ対応などの監査

　特にネットワーク処理について説明する第2章から第3章では Network パネルを紹介し、レンダリング処理やスクリプト処理について説明する第4章から第7章では Performance パネルを紹介します。そのほかの機能についても必要に応じて紹介していきます。

▌Firefoxやその他ブラウザの開発者ツール

　Firefox の開発者ツールも活発に開発が行われています。使い方は Chrome のものと微妙に異なるものの、提供している機能は近いので、使い勝手と相談になるでしょう。Firefox の開発者ツールには次の機能などが含まれます。

- **Inspector**
  DOM やスタイルの調査、編集

- **Console**
  アプリケーション出力の表示や、インタラクティブな JavaScript の実行

- **Debugger**
  ロードされた JavaScript ファイルのデバッグ

- **Style Editor**
  ロードされた CSS ファイルのデバッグ
- **Performance**
  ブラウザランタイムで発生するネットワーク処理、レンダリング処理、スクリプト処理の計測
- **Network**
  発生したネットワーク処理の詳細表示

開発者ツールを開いたときに表示される主なメニューは以上ですが、ほかにも JavaScript を書いてその場で実行できる Scratchpad や、簡易的な開発環境として利用できる WebIDE などの機能も付属しています。

Firefox だけでなく、Safari や Edge にも開発者ツールはあるので、いろいろな機能を試してみるのもよいでしょう。

1.6
Webページのリソース最適化に必要なNode.js

Node.js は、ブラウザではなくサーバサイドなどで使われるクロスプラットフォームな JavaScript 実行環境です。本書でも Web ページを構成するリソースを最適化するために Node.js で動作するツールを利用します。ここでは Node.js と Web フロントエンドの関係と、インストールから基本的な利用方法までを紹介します。

Node.jsとWebフロントエンドのビルドプロセス

Node.js は Web フロントエンド開発においてビルドプロセス構築のためによく使われています。ここでいうビルドプロセスとは、日常的な開発においてコードの変換や結合などさまざまな処理を適用したうえで、ソースコードをブラウザで実行可能なファイルをビルドするための一連の処理を指します。Web ページの最適化で使用される画像やテキストリソースの最適化も、このビルドプロセスに組み込まれることになります。

gulp[注19]やwebpack[注20]は、ビルドするために必要な中間処理をプラグインなどとして取り込み、それらを制御するための設定をJavaScriptコードやJSONファイルで設定できるNode.js製のビルドツールです。JavaScriptはブラウザでも利用される言語であるためWebフロントエンド開発者にとって扱いやすく、さまざまなWebフロントエンド向けの中間処理ツールがNode.jsで開発されています。これらの中間処理ツールの多くはgulpやwebpackのプラグインとして実行可能であり、プラグインの組み合わせによってWebフロントエンドのビルドプロセスを構成することが一般的です。

Node.jsのインストール

Node.jsのインストールは公式サイト[注21]に用意されたWindows、macOSの各プラットフォーム向けに用意されたインストーラをダウンロードするのが簡単です。複数バージョンのNode.js実行バイナリを管理したい場合は、nodenv[注22]やnodebrew[注23]のようなバージョンマネージャを利用してください。

次のコマンドはv1.1.1時点のnodenvを例にした、バージョンマネージャとNode.jsを、bashが使えるシェル環境でインストールする例です。公式サイトのインストーラを利用する場合は不要な手順です。

```
nodenvとプラグインであるnode-buildのダウンロード
$ git clone https://github.com/nodenv/nodenv.git ~/.nodenv
$ git clone https://github.com/nodenv/node-build.git ~/.nodenv/plugins/node-build

ダウンロードしたnodenvの有効化
$ echo 'export PATH="$HOME/.nodenv/bin:$PATH"' >> ~/.bash_profile
$ echo 'eval "$(nodenv init -)"' >> ~/.bash_profile
$ source ~/.bash_profile

インストールしたnodenvのバージョンの確認
$ nodenv -v
```

注19　http://gulpjs.com/
注20　https://webpack.js.org/
注21　https://nodejs.org/
注22　https://github.com/nodenv/nodenv
注23　https://github.com/hokaccha/nodebrew

```
nodenv 1.1.1-19-g18489d7

Node.jsのインストールと有効化
$ nodenv install 8.7.0
$ nodenv global 8.7.0

インストールしたNode.jsのバージョンの確認
$ node -v
v8.7.0
```

npmを使ったNode.jsパッケージの管理

npm（*Node Package Manager*）はNode.jsのパッケージを管理するためのコマンドラインツールです。Node.jsと一緒にインストールされ、npmコマンドとして実行できます。これを使っていろいろなツールをダウンロードして開発で利用します。

npmの基本的なコマンド

npmを使ってパッケージのインストール／アンインストールを行うには、次のようなコマンドを実行します。

```
webpackをインストール
$ npm install webpack

webpackをアンインストール
$ npm uninstall webpack

webpackをグローバルにインストール
$ npm install -g webpack

webpackをグローバルからアンインストール
$ npm uninstall -g webpack
```

npm installコマンドは-gオプションを付けることで、インストールしたパッケージをグローバル、つまりローカルの全プロジェクトで利用できます。-gオプションがないときはカレントディレクトリのnode_modules配下にインストールされます。npm uninstallコマンドも同様に-gオプションを受け付けます。

package.jsonの使い方

package.jsonはNode.js環境の設定ファイルです。このファイルの内容をもとに、自分が開発しているNode.jsプロダクトのバージョンや依存パッケージを管理します。

package.jsonはnpm initコマンドで対話的に作成できます。手もとでモジュールシステムの実行環境を整えるためだけであれば、あまり難しく考える必要はありません。npm initの質問に答えていくと次のようなJSON（*JavaScript Object Notation*）ファイルが生成されます。

```
npm initで作成できるpackage.json
{
  "name": "test",
  "version": "1.0.0",
  "description": "",
  "main": "index.js",
  "dependencies": {},
  "devDependencies": {},
  "scripts": {
    "test": "echo \"Error: no test specified\" && exit 1"
  },
  "author": "",
  "license": "ISC"
}
```

このファイルのdependenciesとdevDependenciesに依存パッケージが記録されます。プロダクトの実行において依存しているパッケージはdependenciesに、実行時に依存せず開発時に利用するパッケージはdevDependenciesに、それぞれ記述します。テキストファイルなので手書きもできますが、npmの最近のバージョンではnpm installコマンドを実行すると、--saveを明示しなくてもdependenciesに自動で追加されます。devDependenciesには--save-devが必要です。

```
Reactをdependenciesに追加してインストール
$ npm install react

gulpをdevDependenciesに追加してインストール
$ npm install --save-dev gulp
```

```
Reactをdependenciesから削除してアンインストール
$ npm uninstall react

gulpをdevDependenciesから削除してアンインストール
$ npm uninstall --save-dev gulp
```

　このようにして dependencies や devDependencies に依存パッケージを記録すれば、package.json を通して実行環境を共有できます。package.json に記録された依存パッケージをすべてインストールするときは、npm install コマンド（パッケージ名の指定なし）を実行します。

1.7

まとめ

　本章ではWebページの速度について考え、調査と改善に取り組むための基本的な部分を押さえました。速いほうが良いと漠然と理解されていた人や、これまでいろいろな試行錯誤で改善してきた人にとっても、Webページの速度という課題の輪郭が明らかになってきたのではないでしょうか。次章以降からは、いよいよ本格的に、Webページの速度について技術的な側面から具体的な説明に入ります。

第**2**章
ネットワーク処理の基礎知識

　ネットワーク処理とは、Webページを開いたときに発生するサーバから
のファイルダウンロードに関わる部分を指します。Webページを開くとき
に、ネットワーク処理は一斉に、かつ大量に発生します。

　本章ではネットワーク処理の改善に必要な前提知識や、ページロードの
速度に関わるネットワークとブラウザの内部処理、速度の計測方法につい
て順を追って解説していきます。

2.1
ページロードの速度を左右するネットワーク処理

　1.2節で説明したように、ページロードの速度はビジネスに重要な影響を
及ぼします。本節ではページロードの速度改善を念頭において、Webペー
ジを構成する各種サブリソースに対するネットワーク処理と、ネットワー
ク処理に関連するブラウザの挙動を中心に解説します。

ページロード時間の理想は1秒以内

　1.4節で説明したように、Webページのロード速度の理想時間は1秒以内
です。1秒という時間は、Webページがロードされる一連の流れにとって
十分な時間とは言えません。Webページをロードするときにはネットワー
クやレンダリングに関する大量の処理が発生します。HTMLを取得するた
めの最初の1リクエストだけでも1秒のうちの大半かそれ以上が消費される
中、すべての処理を1秒以内に収めることは非常に困難です。

ネットワーク処理の速度に影響を与える要素

　最初のHTMLを取得するところから、数々のサブリソースを取得するに
至るまでのWebページのロードにおいて、ネットワーク上の処理は時間的
に最も大きなウェイトを占めています。

　Webページ上のリソースは、ほとんどがHTTPプロトコルでやりとりさ
れます。ここでは現在最も普及しているHTTP/1.1およびその1つ前のバ

ージョンである HTTP/1.0(総称して以下、HTTP/1)の利用を前提として、
ネットワーク処理の速度に影響を与える要素と一般的な対策を確認してい
きます。

▍リソースの大きさ

リソースの大きさとは、ひらたく言えばファイルサイズです。当たり前
ですがファイルサイズが大きければ、そのデータを転送するために多くの
時間がかかります。ネットワーク処理の文脈ではペイロードサイズ[注1]とも
呼ばれます。

次章で説明しますが、テキストデータや画像データはそれぞれ事前処理
をすることでリソースの大きさを最小限に抑えられます。また、ブラウザ
が2回目以降のページロードでキャッシュを利用するようになっていれば、
再ダウンロードが発生しないようにもできます。意外と見落としがちなポ
イントですので、本章の後半で説明する WebPagetest や PageSpeed Insights
などのツールを利用して、リソースが事前に圧縮されているかやキャッシ
ュが有効になっているかを確認しておくべきでしょう。

▍HTTPリクエストの数

ブラウザはページロードを完了するまで、HTMLドキュメントをロード
するだけでなく、それに紐付く CSS や JavaScript、画像などのサブリソー
スをロードするために連続的にリクエストを繰り返します。HTTPリクエ
ストの数が多くなれば、後述する通信距離のオーバーヘッドや転送量は増
加しやすくなります。未使用または重複している CSS や JavaScript ファイ
ルを読み込まない、画像ファイルの数を少なくするなど、無駄なサブリソ
ースが含まれないように普段から気を遣うべきです。また、ブラウザキャ
ッシュを利用することでも無駄な HTTP リクエストを抑えられます。

▍ネットワークの通信距離

ネットワーク処理にはさまざまなオーバーヘッドが伴います。データが
サーバとクライアントの間を往復するために有線または無線による通信網

注1　レスポンスヘッダなどの付加情報を除いたファイル本体のサイズを指します。

を通過する時間や、ルータでリレー処理[注2]が行われる時間は、ネットワーク処理上のオーバーヘッドです。

ネットワーク処理の流れ

次に、ブラウザがHTTPリクエストを行い、サーバからレスポンスを受け取るまでの一つ一つのネットワーク処理を詳細に見ていきます。HTTPでのやりとりは、DNS(*Domain Name System*)を使ったホスト名の名前解決、TCP(*Transmission Control Protocol*)接続の確立、サーバへのリクエストとサーバからのレスポンスといった流れで行われます。これらにかかる時間もネットワーク処理の遅延につながります(**図2.1**)。

ホスト名の名前解決

コンピュータどうしの通信は、お互いのIPアドレスを特定している必要があります。しかし今日のWebでは、IPアドレスをブラウザに直接入力してアクセスすることはめったにありません。Web上にあるリンクのほとんどはドメイン名から構成されています。

注2　異なるネットワーク間における通信の中継処理のことです。

図2.1　**ネットワーク処理の流れ**

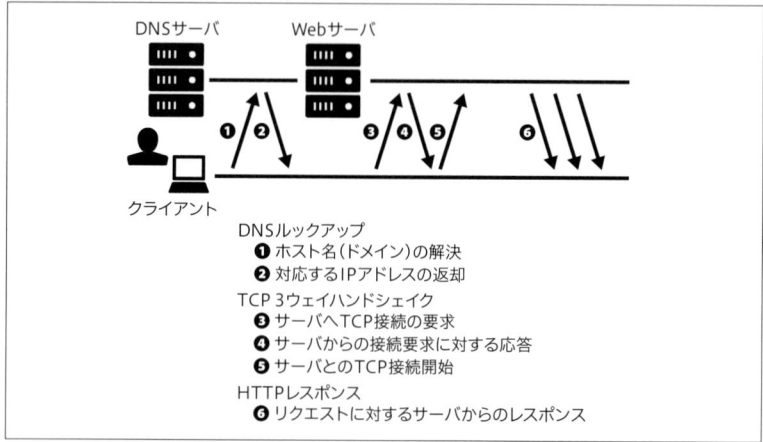

クライアントがサーバのIPアドレスを得るには、ドメイン名と対応する IPアドレスを、コンピュータネットワーク上に登録された情報からDNSを 通じて取得します。ブラウザでもHTTPリクエストの前に、URLのドメイ ン名に対応するIPアドレスをDNSから探します。これをDNSルックアッ プと言います(図2.1❶～❷)。

TCP接続の確立

HTTPはTCPの上位層にあたるプロトコルですので、HTTPによるやり とりの前提としてTCP接続を確立しなくてはなりません。TCP接続には、 クライアントからサーバへの接続要求(*SYN*)、サーバによる接続要求に対 する応答(*SYN-ACK*)、クライアントによる接続開始応答(*ACK*)といった3段 階のパケットのやりとりを必要とします。これをTCP3ウェイハンドシェ イクと呼びます(図2.1❸～❺)。

またHTTPSの場合は、別途SSL/TLS (*Secure Sockets Layer/Transport Layer Security*)のハンドシェイクが行われます。SSL/TLSのハンドシェイクでは、 通信の暗号化に必要な鍵、セッションID、乱数などをクライアントとサー バ間でやりとりします。

HTTPリクエストとレスポンス

TCP接続が確立すると、クライアントはHTTPリクエストが可能になり、 サーバはリクエストに応じてレスポンスを送信します(図2.1❻)。

サーバがクライアントにデータを送信するときは、いきなり大量のデー タを送るわけではなく、小さいデータサイズでの送信から始めて、輻輳[注3] しないようにコントロールしながら徐々に転送速度を上げます。このよう にTCP接続におけるデータのやりとりが徐々に高速になるしくみを、TCP スロースタートと呼びます。

注3　ネットワークの許容量を超えるデータの転送により、遅延や欠落などが発生して転送効率が低下する 状態のことです。

HTTP/2によるネットワーク処理の効率化

HTTP/2はWebの標準的なプロトコルであるHTTP初のメジャーアップデートです。これまでのWebでボトルネックにもなっていたHTTP/1における通信処理をプロトコルレベルで最適化しており、ネットワーク処理の性能向上が期待されています。

Webフロントエンドの開発者にとって、HTTPの進化についてその内容や経緯をとらえておくことは重要です。このアップデートによって、Webアプリケーションの設計も変化していくことが予想されます。HTTP/2の概要を理解するとともに、今後のWeb高速化のベストプラクティスを模索していきましょう。

通信の多重化と並行リクエスト

HTTP/1では、1つのTCPコネクションにつき1組のリクエストとレスポンスしか同時に扱うことができません。HTTP/1.1にはHTTPパイプラインという、複数のリクエストを同時に行い、サーバの並列処理を促す仕様があります。しかし、リクエストされた順にレスポンスしなければならないという制約などにより、ネットワーク処理の高速化にあまり効果がなく、普及しませんでした。HTTP/2からは、1つのTCPコネクション内に複数の独立したストリームを生成して多重化し、その中でHTTPリクエストやレスポンスを並行にやりとりします(**図2.2**)。

単一のドメインに対するTCPの同時接続数は、多くのブラウザで最大6に制限されていて、HTTP/1ではその制限の中で複数のTCPコネクションを持つことで並行性を確保しています(**図2.3**)。HTTP/2では1つのTCPコネクション内で作れるストリームの数は基本的に無制限なので、同時接続数という概念はなくなります。もちろんネットワーク帯域という上限はありますが、その範囲でこれまでよりもリクエストの高い並行性が実現されます。また、各TCPコネクションが独立してネットワーク帯域を遅延なく使い切るための輻輳制御などを行っていましたが、HTTP/2の多重化によって1つのTCPコネクションに集約されることで、より効率的な制御が期待できます。

HTTP/2が1つのTCPコネクションで複数のストリームを生成できるこ

とによって、HTTP/1で同時接続数を増やすために行っていたドメインシャーディング(配信ドメインの分散)も不要になります。静的リソースの配信やAPIレスポンスなども同一ドメインで行ったほうが効率が良いでしょう。ドメインシャーディングは複数ドメインとTCPコネクションやDNSルックアップなどの処理をドメインごとに発生させてしまうぶん、不要なオーバーヘッドを発生させてしまうことになります。

図2.2　　HTTP/2におけるストリームと通信の多重化

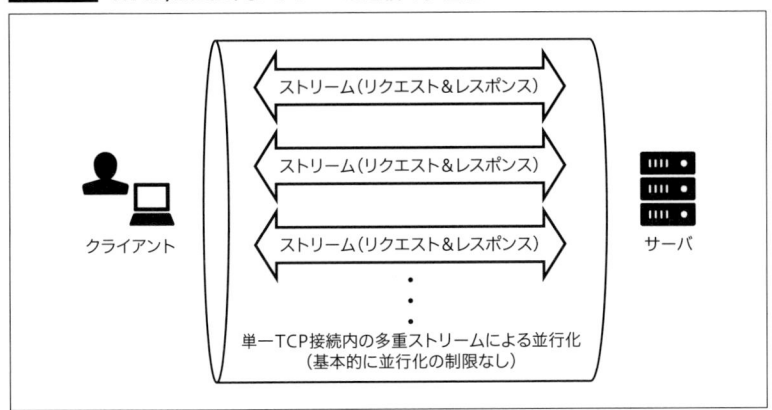

図2.3　　HTTP/1におけるTCP接続の並行化

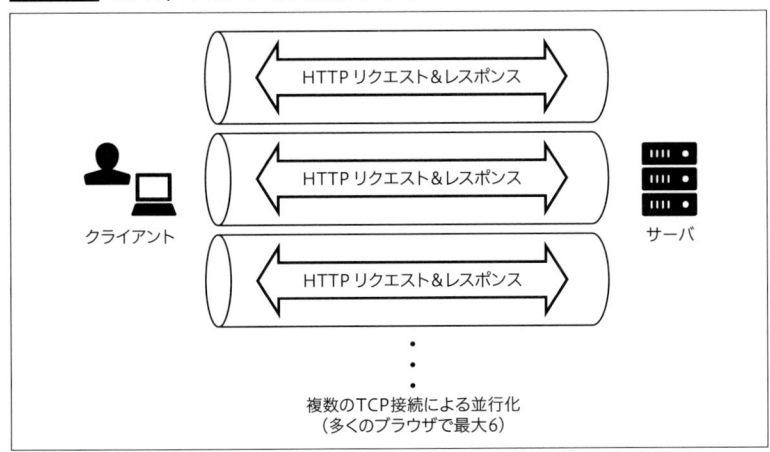

HPACKによるヘッダ圧縮

　HTTP/1のリクエストヘッダとレスポンスヘッダはテキスト形式で、それだけで1Kbを超えることも珍しくありません。リクエストが多いほどそのオーバーヘッドの影響は大きくなり、より多くのリソースを扱うようになってきたWebフロントエンドにおいては無視できないものです。HTTP/2では、リクエストやレスポンスのヘッダをHPACK（RFC 7541）というアルゴリズムを用いて圧縮することで、ヘッダのサイズを小さくしています。

　HPACKは、静的ハフマン符号化とインデックス符号化から構成されます。静的ハフマン符号化は、出現回数の少ない文字には長い符号語を、頻出する文字にはより短い符合語を割り当てることで圧縮します。インデックス符号化は、ヘッダフィールドの値をインデックスとして静的テーブルと動的テーブルに定義し、それらのテーブルとインデックス値でヘッダを表現することでデータ量を大きく減縮します。静的テーブルには使用頻度の高い値がHPACKの仕様[注4]としてあらかじめ定義されているもので、動的テーブルは出現したヘッダをFIFO（先入れ先出し）キューに登録して管理するものです。これはリクエストを繰り返す中で、共通のヘッダが多いほど効率的に圧縮されることになります。

　これらのアルゴリズムが適用されると、ヘッダのデータはとても小さくなります。たとえば、同一ドメインの静的なリソースにリクエストを繰り返す場合、ヘッダどうしの差分はパス部分のみになるので、リクエストに伴うヘッダのサイズは数バイトになります。

取得リソースの優先度制御

　HTTP/2では多くのリクエストを処理しますが、HTTP/1のように一律の順次処理ではなく、クライアントの定義する優先度に応じて配信を制御します（**図2.4**）。優先度はリソースどうしの依存関係と重み付けによって定義され、これによって配信の順序付けや帯域の割り当てが行われます。

　Webページの構成に必須であるHTML、CSS、JavaScriptなどのリソースはブラウザによって優先度が高く設定され、いち早く配信されるようになっています。これに対して、表示上クリティカルにならない画像や非同

注**4**　https://tools.ietf.org/html/rfc7541#appendix-A

期にロードされるJavaScriptなどは優先度が低く扱われます。これらの優先度を決定するロジックはブラウザによって差異があり、今後HTTP/2の普及と合わせて調整されていくことでしょう。

▌サーバプッシュによる高度なリソース配信

　HTTP/2のサーバプッシュは、サーバが何らかのロジックでWebページの表示に必要なリソースを先読みして、クライアントからのリクエストを待たずにリソースを送信するための機能です（**図2.5**）。

図2.4　　**HTTP/2における優先度の制御**

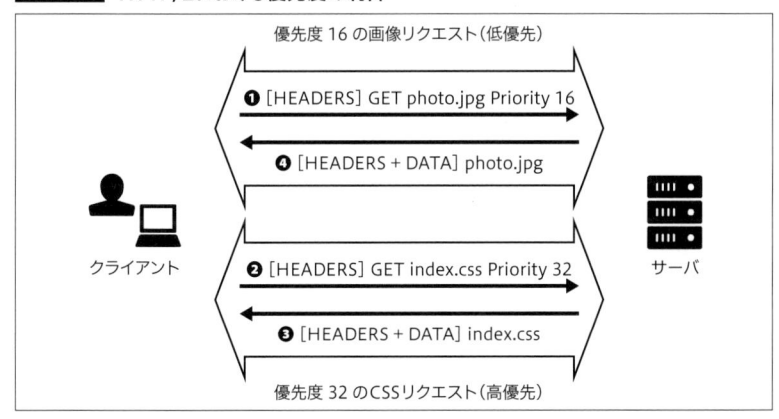

図2.5　　**HTTP/2におけるサーバプッシュ**

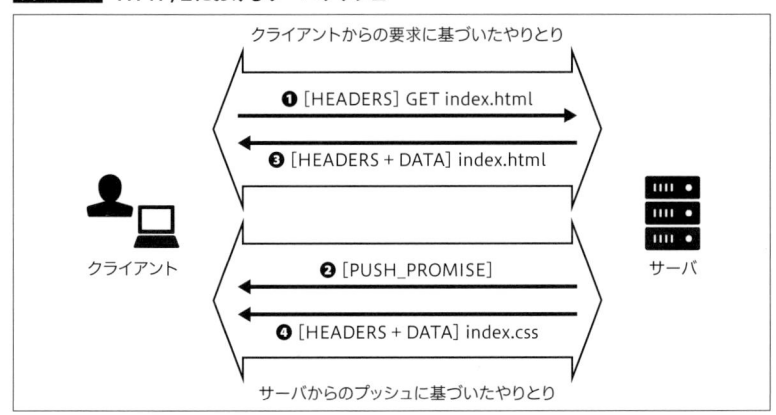

　たとえば画像やCSS、JavaScriptのようなリソースは、最初のHTMLをダウンロードするまではブラウザにとって依存関係が明らかにならないのでリクエストできません。しかしサーバでHTMLの内容がわかっていれば、クリティカルレンダリングパスに関わる重要なリソースを先行して配信するなど、さまざまな最適化ができます。クリティカルレンダリングパスについては後述します。

2.2
ネットワーク処理の基本

　Webページのロード速度を改善していくうえで、ネットワーク処理は最も基本的であり前提にあるべき要因です。では、これを最適化していくうえで何を意識していかなければならないのでしょうか。

フロントエンドが鍵を握る

　ページロードのボトルネックと言えば、一昔前まではサーバからのファーストレスポンスまでの時間を指していることが多く、「フロントエンドが速度の鍵を握る」という言葉に違和感を覚える人もいるでしょう。しかし実際には、ページロードの完了までに費やされる時間にサーバの処理が占める割合は多くありません。

ユーザーの待ち時間の大半はブラウザ上のネットワーク処理

　ブラウザがWebページを表示するまでに費やされる時間は、指定されたURLからHTMLを取得するまでと、HTMLに応じてサブリソースを取得してページを表示するまでの2つに分類できます。

　ロケーションバーへのURLの入力やリンクのクリックによるナビゲーションが起こると、HTMLを取得するために指定のURLヘリクエストを行います。HTMLがブラウザに返却されるまでの時間は、いわゆるサーバの処理が費やしています。この間、ブラウザはページの構築に必要なHTMLがないためそのあとの処理ができず、白い画面を表示することになります。

HTMLの取得までに2〜3秒もかかるようであれば、致命的な遅延であり別途改善する必要があります。

　しかし、よほど大きなファイルのダウンロードや複雑な処理が伴わない限り、サーバの処理は一般的にそれほど時間を要しません。HTMLの記述に応じて多量に発生するサブリソースの取得がページ表示を遅らせているケースがほとんどです。サブリソースの取得にもサーバは関わりますが、何のサブリソースにリクエストするかを決めているのはフロントエンドの実装に起因します。もちろんAPIサーバへのリクエストなどはサーバ処理に起因する時間も考慮すべきですが、本書ではサブリソースの取得時間は基本的にフロントエンドの実装によるものと定義します。

▌ HTMLに応じて発生するリクエスト

　ブラウザはHTMLを受け取ると、CSSや画像などサブリソースのリクエストを繰り返します。その数は、昨今のWebサイトにおいて20〜30で収まることは少なく、100を超えることも珍しくありません。それらのリクエストがすべて解決するころには、多くの時間が経過することになります。

　このように、フロントエンドに起因するネットワーク処理がページロードを左右すると言っても過言ではありません。HTMLに始まるさまざまなフロントエンド内の要因に対して最適化を施すことが、ページロードの高速化につながります。

▌ ネットワーク処理最適化の3原則

　ネットワーク処理を最適化していくうえで意識するべき基本原則は、

- データの転送量をなるべく小さくすること
- データの転送回数をなるべく少なくすること
- データの転送距離をなるべく短くすること

の3つです。

▌ データの転送量を小さくする

　転送するコストはデータの量に比例し、当然ながら大きければ大きいほ

ど転送にコストを要します。そのため、配信するリソースは圧縮や最適化を施し、できる限り小さくします。

データの転送回数を少なくする

HTTP/1ではリクエストごとのオーバーヘッドや同時接続数の制約が大きく、ネットワーク処理におけるボトルネックになりがちです。そのため、ブラウザからリクエストする回数を減らすことが、Webページのロード時間の短縮につながります。

HTTP/2では通信の多重化と並行リクエスト、HPACKによるヘッダ圧縮によってリクエスト処理が効率化されます。リクエストの回数そのものを減らすことは有効ですが、これまでHTTP/1を前提に行われてきた静的リソースの結合は基本的に効果的ではありません。これについて詳しくは次章で説明しますが、HTTP/2とそれ以前では改善方針の考え方が異なることに気を付けてください。

データの転送距離を短くする

転送距離は、通信するデバイスと実際にデータをやりとりしているサーバとの物理的な距離を指します。データの転送距離が短いほどラウンドトリップタイム[注5]が短くなります。具体的には、日本国内のサーバへのアクセスのラウンドトリップタイムはおよそ100ミリ秒であるのに対し、日本からアメリカ西海岸へは200〜300ミリ秒程度かかります。これに関してはフロントエンドだけでは対処できませんが、よりシビアな性能要件を満たす場合は無視できない要素です。

ネットワークから取得するリソース

ブラウザがネットワークを通じて取得するリソースは、実にさまざまです。どのような種類や特徴があり、それぞれにどういった最適化を施していけばよいかを整理します。

注5　リクエストを送信してから応答が返ってくるまでに発生する遅延時間のことです。

▌**テキスト** —— HTML、CSS、JavaScript、SVG

　テキストデータはWebを構成する最も基本的な要素です。HTML、CSS、JavaScript、SVG[注6]をはじめとしたテキストファイルに加えて、APIサーバからのレスポンスなどもテキストです。これらのテキストは、開発ツールやアプリケーションの処理で最小化できます。

　開発中にHTML、CSS、JavaScriptなどの静的なファイルは、可読性のためにスペースや改行を含めて保存しますが、実行時には必要ない情報です。よって、配信前にツールなどを用いて最小化しておくことでファイルサイズが小さくなり、ブラウザの評価にかかる時間やメモリの使用量を抑えられます。

▌**画像** —— JPEG、PNG、GIF、WebP

　画像もWebの多くのシーンで利用されています。画像はテキストに比べてファイルサイズが増大しがちで、ネットワーク処理でやりとりされる総ペイロードサイズにおいてもほかのリソースに比べて大きな比率を占めます。HTTP Archive[注7]の集計によると、その割合は50％を超えており、ネットワーク帯域の大部分を占める重要な要素であることを示しています。

　画像の品質を維持し、ファイルサイズをなるべく小さくするには、写真、バナー、アイコンといった画像の特徴に応じた画像形式の選択と、画像データの圧縮と最適化が必要です。画像形式それぞれの特性と選択、および最適化手法については、第8章で詳しく解説します。

▌**Webフォント** —— WOFF、TTF、OTF

　Webフォントは、フォントファイルを配信してCSSから参照する技術です。デバイスにインストールされているフォントに依存せずに、好きなタイプフェイスをWebページで利用できます。文字なのでCSSでスタイリングでき、拡大や縮小しても劣化しないなどの特性を活かし、文字だけでなくアイコンをWebフォントとして使う手法もあります。

　このように柔軟でメリットが大きい一方で、文字一つ一つの形状データ

注6　SVGは用途としては画像ですが、実体はテキストデータです。
注7　http://httparchive.org/interesting.php#bytesperpage

を保持するためファイルサイズが大きくなりがちという課題もあります。ファイルサイズは文字数に比例して肥大化するため、ひらがな、カタカナ、漢字など多くの文字がある日本語ではより顕著な問題です。

クリティカルレンダリングパス

Webページがロードされるときのブラウザの内部処理を理解するうえで重要なモデルに、「クリティカルレンダリングパス」があります（**図2.6**）。Webページの最初のレンダリング処理が行われるまでに必要な一連の処理であり、これが最適化できればユーザーがURLを開いてからコンテンツが見えるようになるまでのページロードの速度改善につながります。

このクリティカルレンダリングパスという用語は、レンダリング処理そのものを最適化するというよりも、ページロード時にレンダリング処理に至るまでの時間を最適化するという文脈で使われることに注意してください。

❶HTMLドキュメントのダウンロードと評価
❷サブリソースのダウンロードと評価
❸レンダーツリーの構築とレンダリング

これらの処理はいずれも、前の工程が終わらないとあとの工程を始められないクリティカルな処理です。これらの処理でどんなことが行われているのかを簡単に説明します。

図2.6　**クリティカルレンダリングパス**

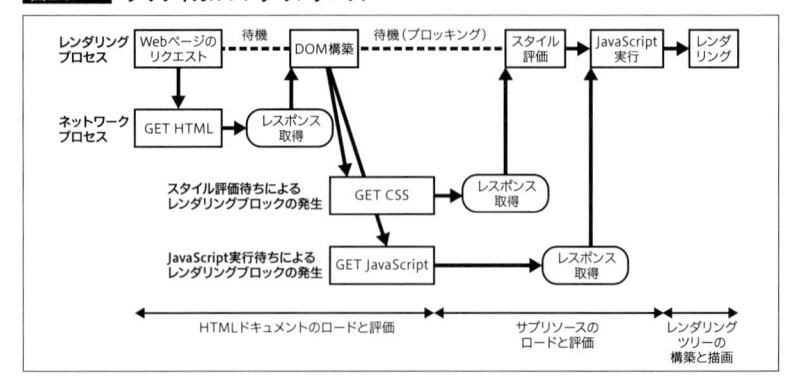

HTMLドキュメントのダウンロードと評価

たとえばあるサイトを開くとき、ブラウザはHTMLドキュメントを取得するためサーバに対してリクエストを行います。リクエストを受け取ったサーバは、静的ファイルのHTMLや、サーバサイドプログラムで動的に生成したHTMLなどをブラウザにレスポンスします。

ブラウザは取得したHTMLドキュメントを、ファイルの先頭から順にパースして評価を行います。この過程でDOMツリーやCSSOM (*CSS Object Model*) ツリー[注8]の構築が行われるとともに、`<link>`、`<script>`、`<img>`などの要素の記述に基づいてHTTPリクエストを繰り返します。この時点ではDOMツリーやCSSOMツリーは構築途中であるため、レンダリング処理は開始されません。

サブリソースのダウンロードと評価

サブリソースの中でもCSSとJavaScriptのロード中は、DOMツリーやCSSOMツリーに影響を与える可能性があるためレンダリング処理をブロックします。この間、ブラウザは次項のレンダーツリーの構築の前に、CSSやJavaScriptの処理を順番に完了させることに専念します。

クリティカルレンダリングパス上では、断片化したCSSやJavaScriptのプラグインをたくさん読み込んでいるときに問題になりやすいフェーズです。

レンダーツリーの構築とレンダリング

DOMツリーとCSSOMツリーが構築されると、それら2つを組み合わせてレンダーツリーが構築されます。レンダーツリーには、レンダリング対象の要素がどのような関係で配置され、どのような見た目であるのかという情報が含まれます。これをもとに画面上の要素位置の計算が行われ、さらに画面上にピクセルを配置する処理が行われると、レンダリングされたことになります。

ページロードの観点において、レンダーツリーの構築以後は、開発者が関与できる箇所はほとんどありません。これ以前のHTMLやサブリソース

注8　CSSOMとは、CSSにアクセスするためのAPIおよびそのデータ構造のことです。CSSOMツリーとは、CSSOMに変換後のツリー状のオブジェクト集合のことです。

のダウンロードと評価を最適化して、いかに早くレンダーツリーの構築を
始めさせるかが重要です。

▌フィルムストリップによるレンダリング過程の確認方法

サブリソースのロードやレンダーツリーの構築に応じて、ページがどの
程度レンダリングされているかを計測するには、DevToolsのフィルムスト
リップという機能を使います。フィルムストリップは計測開始から経過に
応じたページのレンダリング状況を連続してキャプチャできるので、ページ
ロード開始から可視化することでボトルネックが明らかになり、クリティカ
ルレンダリングパス最適化のヒントになるでしょう。このあと本章で紹介す
る WebPagetest というツールにも、Film Strip という同等の機能があります。

DevTools の Performance パネルを開き、**図2.7 ❶**の Screenshots をチェ
ックした状態で、Windows と Linux であれば Ctrl+Shift+E、macOS であれ
ば Command+Shift+E でページをリロードすると、ブラウザ内部で発生す
るさまざまな処理の記録や連続キャプチャ（スクリーンショットの連続撮

図2.7 ロード時の経過時間ごとのフレームキャプチャとタイムライン

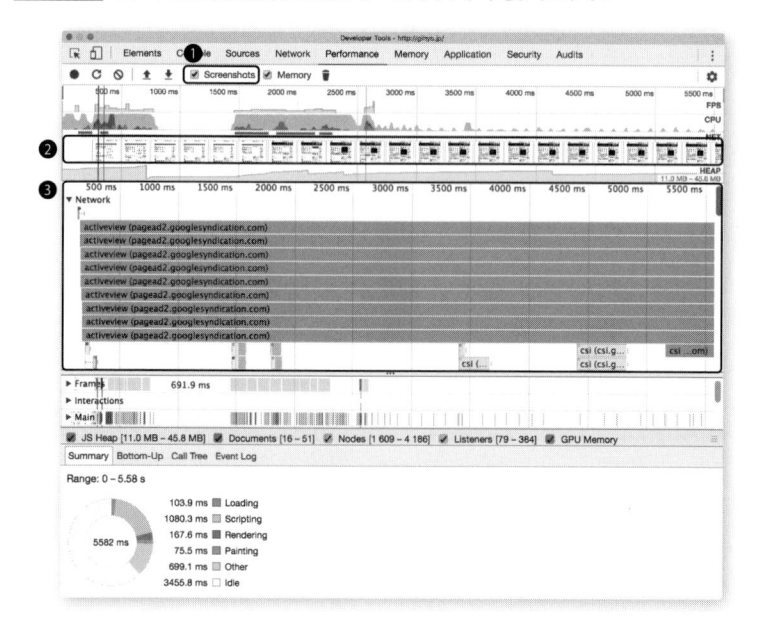

影)が行われます。

　計測が完了すると経過時間ごとにキャプチャされた画像が図2.7❷に一覧で表示されるほか、サムネイルをホバーすることで画像が拡大されます。図2.7❸には発生したネットワーク処理がタイムラインで表示されているので、各種リソースのダウンロード状況とレンダリング状況の相関を確認できます。なお、Performanceパネルについては、4.3節で詳しく解説します。

2.3
ネットワーク処理の調査と計測

　ネットワーク処理を改善するには、実際にどのような処理が行われているかを調査および計測する必要があります。ブラウザで行われるネットワーク処理はDevToolsのNetworkパネルで可視化されます（**図2.8**）。

図2.8　Networkパネル

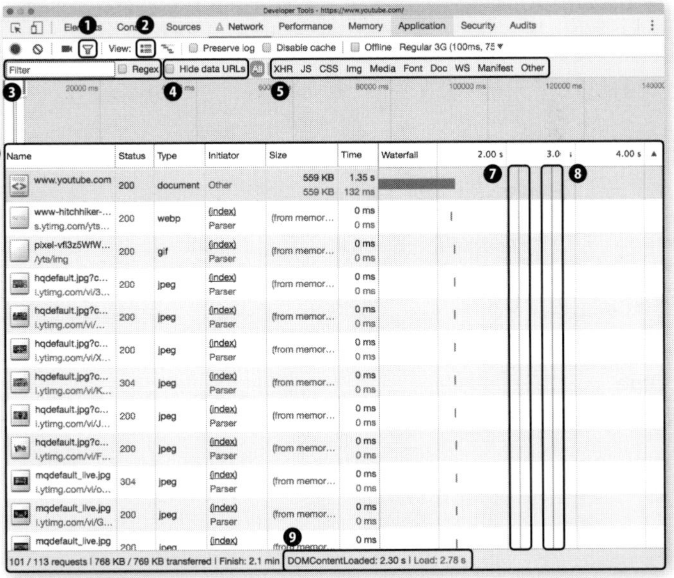

ネットワーク処理の確認

　Networkパネルを選択した状態でWebページにアクセスすると、発生したネットワーク処理が自動的に記録されます。Networkパネルからは、ネットワーク処理が発生したリソースの一覧とその詳細、それぞれの処理が行われたタイミングなどがわかります(図2.8**⑥**)。

　なお、ページロード後にDevToolsを開いてNetworkパネルを開いても、解析は行われずグラフは空になっています。その場合はページをリロードしてください。

ネットワーク処理が発生したリソース

　Networkパネルでは、ネットワーク処理が発生したリソースが表に時系列で一覧化されています。アクセス時に初めに発生するHTMLドキュメントの返却から、CSSやJavaScript、画像ファイルといったようなサブリソースのリクエスト、XMLHttpRequestやWebSocketによる通信処理も表示されます。図2.8**❷**をクリックすると、行の簡易表示モードと詳細表示モードを切り替えできます。

　表示モードにかかわらず、デフォルトでは次のカラムが表示されています。カラムヘッダ上で右クリックすると項目一覧が表示されるので、チェックの付け外しで表示の切り替えを行えます。

- **Name**
  リクエストしたホストとパス
- **Method**
  HTTPメソッドの種類
- **Status**
  レスポンスのステータスコードとテキスト
- **Type**
  リソースの種別
- **Initiator**
  リクエストが何に起因しているか
- **Size**
  リソースのサイズ

- **Time**

  リソースのダウンロードにかかった時間

- **Waterfall**

  リクエストのダウンロード処理の詳細と、かかった時間

各カラムヘッダをクリックすると、表データをその項目で昇順(▲が表示されている状態)／降順(▼が表示されている状態)にソートできます。ボトルネックになっている処理を探す場合は、Sizeカラムでソートして大きなファイルサイズのものを探したり、Timeカラムでソートして時間を要しているリクエストを探したりするとよいでしょう。

図2.8❻のリソースの一覧でShiftを押しながらマウスで各リクエスト対象のリソースにホバーすると、そのリソースを取得するきっかけになったリソース(initiators)が緑色で、そのリソースがもとで取得されたリソース(dependencies)が赤色でリスト上にハイライトされます。特にサードパーティスクリプトなど詳細を把握していないものに起因したリソース間の依存関係を明らかにするのに便利でしょう。

表示するリソースのフィルタ

集計したネットワーク処理はWebページによっては膨大になります。これをフィルタするために、いくつか要素が用意されています。メニューの中から図2.8❶のFilterをクリックし有効化すると、フィルタメニューが表示されます(図2.8❸〜❺)。

図2.8❸のテキストボックスに文字列を入力すると、表のNameにあたる項目をインクリメンタルサーチします。またデータの種類別にフィルタできるように、図2.8❺にAll(すべて)、XHR(XMLHttpRequestのみ)、JS(JavaScriptのみ)……とボタンが用意されています。

図2.8❹のHide data URLsのチェックボックスによって、data URL[注9]のリクエストの表示を切り替えることもできます。data URLは実際にネットワークリクエストが発生しているわけではありませんが、src属性などに指定されているため、リクエストにカウントされています。これを非表示にしたい場合に便利です。

注9　一般的にはdata URIと呼ばれる、データをインラインで扱うためのURIスキームのことです。

■ ネットワーク処理のタイムライン

それぞれのネットワーク処理がどのくらい時間を要しているかは、図2.8❻のWaterfallカラムのウォーターフォールビューとしてグラフィカルに表示されます。棒グラフの左端は処理の開始を、右端は処理の終了を表し、グラフが長いものほどボトルネックになっている可能性が高いです。

リクエストの開始から転送の完了まではさまざまなステップを経ますが、このステップごとに要している時間も色分けされて表示されます。この詳細はのちほど解説します。

■ リクエスト数、受信したデータの合計

発生したリクエスト数の合計（requests）と受信したデータの合計（transferred）は、図2.8❻の最下部に表示されています。表示値はフィルタしている項目と連動しており、たとえばJavaScriptでフィルタリングしている場合は、全リクエストのうちJavaScriptファイルのリクエスト数とデータサイズがどの程度を占めているかを把握できます。

■ DOMContentLoadedイベントとloadイベント
――― DOMツリーの構築完了とサブリソースのロード完了

リクエスト数、受信したデータの合計と並んで図2.8❾に表示されているのが、DOMContentLoadedイベントとloadイベントが発生した時間です。これは先に触れたウォーターフォールビューにも、DOMContentLoadedイベントは図2.8❼の青線で、loadイベントは図2.8❽の赤線で表示されています。

DOMContentLoadedイベントはDOMツリーの構築完了を、loadイベントはDOMツリーに起因するサブリソースの取得および評価の完了を意味します。両イベントの完了間隔が長い場合、サブリソースが多い、スクリプト処理が介入しているなど、表示の妨げとなる要因が存在する可能性が高いです。

■ 発生したリクエストの詳細確認

図2.8❻の表の行データをクリックすると、新たにパネルが出現します（**図2.9❶**）。このパネルには次の最大5つのタブがあり、選択したネットワーク処理のヘッダや返却されたデータなど、さらなる詳細を確認できます。

- **Headers**

  ホスト名とIPアドレス、クエリパラメータといったリクエストの基本情報および、リクエストヘッダとレスポンスヘッダ

- **Preview**

  返却されたテキストやバイナリデータのプレビュー

- **Response**

  返却されたデータがパースされていない生の状態

- **Cookies**

  リクエストとそのレスポンスに付与されたCookie。なければ表示されないため図2.9❶には未登場

- **Timing**

  リソースをリクエストしてからダウンロードが完了するまでの各プロセスにかかった時間。Resource Timing APIによって同等のデータを得ることができる

リクエスト／レスポンスヘッダの詳細

　Headersタブでは、対象リクエストの基本情報（General）、リクエストへ

図2.9　　リクエストの詳細

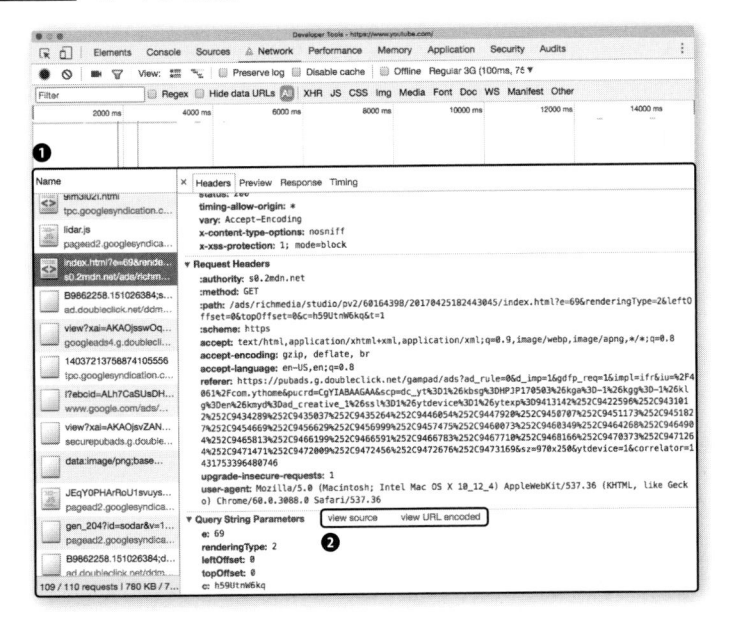

ッダ（Request Headers）、レスポンスヘッダ（Response Headers）、クエリパラメータ（Query String Parameters）を確認できます。基本情報には、URL、リモートのIPアドレス、リクエストメソッド、ステータスコードなどが載っています。

　クエリパラメータの横にあるview sourceとview URL encodedはそれぞれクリック可能で、パースされていないものに表示を切り替えられます（図2.9❷）。

リソースの生データとそのプレビュー

　Responseタブでは返却されたリソースの生データを、**図2.10 ❶**のPreviewタブでは適切な状態に変換されたリソースのプレビューを確認できます。Previewタブではテキストファイルであればテキスト、JSONであればパースされた状態で表示され、画像などのメディアファイルであればプレビューに加えて、縦横サイズやMIME（*Multipurpose Internet Mail Extensions*）typeなども確認できます。

図2.10　　リソースとそのプレビュー

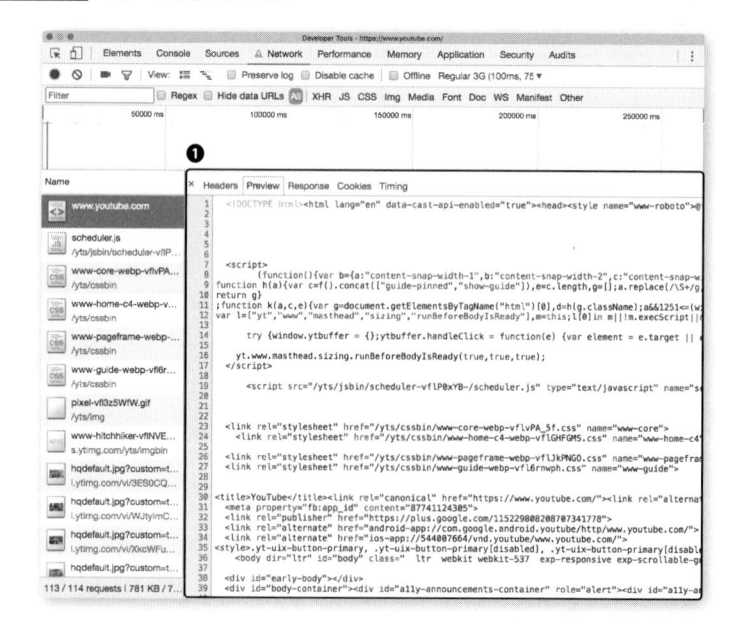

▌ リクエストに付与されたCookieのプレビュー

　Cookiesタブでは、そのリクエストおよびレスポンスに付与されたCookie が一覧化されます。リソースそのものとは異なりCookieは忘れがちな要素ですが、それだけでデータが数KBに及ぶこともあります。不要なリクエストにCookieが付与されていないかなどもチェックしましょう。

▌ ネットワーク処理に要した時間

　図2.11 ❶のTimingタブでは、対象リクエストが、ネットワークのどのような処理にどれだけの時間を要したかが可視化されます。これについては、前述した図2.8 ❻のWaterfallカラムのグラフへのホバーでも同等の情報がポップアップで表示されます。

　Timingタブは大きくは2つのフェーズに分かれています。

　1つ目はサーバとの接続をセットアップする図2.11 ❷のConnection Start フェーズで、次の項目が表示されます。

図2.11　　リクエストのダウンロードに伴ったネットワーク処理

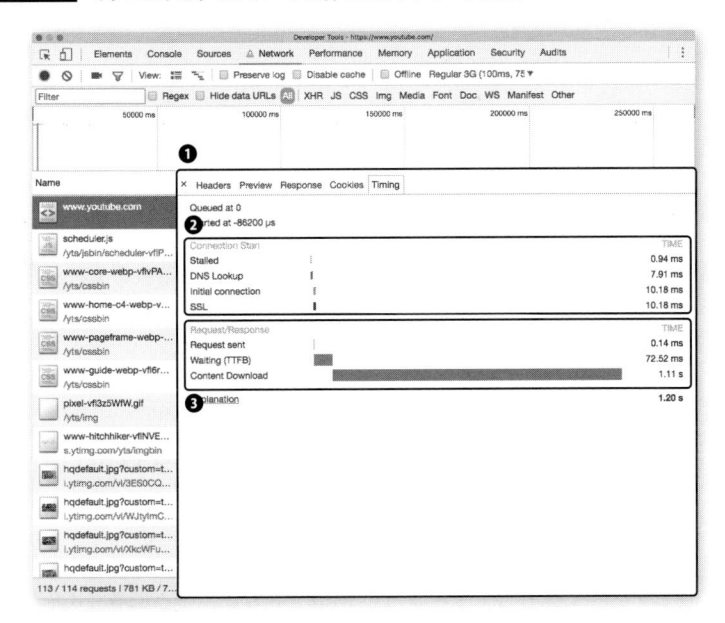

- **Stalled**

  プロキシのネゴシエーションを含んだ、TCPの接続制限による接続待ちなどによって発生するリクエスト開始までの時間

- **Proxy Negotiation**

  プロキシサーバとの接続確立に要した時間。図2.11 ❷には未登場

- **DNS Lookup**

  新しいドメインへのDNSルックアップに要した時間

- **Initial Connection**

  SSL/TLSやTCPのネゴシエーションを含めた初期接続確立までの時間

- **SSL**

  SSL/TLSのハンドシェイクに要した時間

　2つ目は実際にデータのやりとりを行う図2.11 ❸のRequest/Responseフェーズで、次の項目が表示されます。

- **Request sent**

  リクエストの送信に要した時間

- **Waiting (TTFB)**

  リクエストを送信してから最初のレスポンスを受信するまでの時間。Time To First Byteとも呼ばれる

- **Content Download**

  サーバからのレスポンスデータを受信するのにかかった時間

基本的な対策を確認するチェックリスト型ツール

　DevToolsのAuditsパネルやPageSpeed Insightsは、対象のWebページに適切な対策が行われているかをベストプラクティスに基づいてチェックできます。これらのチェックリスト型ツールが提示するのは、

- **テキストリソースにgzipが適用されていない**
- **キャッシュ制御系のHTTPレスポンスヘッダが付与されていない**
- **画像の最適化が行われていない**

といった、機械的なチェックが容易な基本事項が主です。

　このような基本事項のチェックは、Webページの速度を改善または維持

するための参考になります。定期的に実行して初歩的な抜け漏れがないか
を確認するのによいでしょう。

▍DevToolsのAuditsパネル —— Webページの全体的な品質を監査するツール

DevToolsのAuditsパネルを使うと、Webページの全体的な品質をチェックしてベストプラクティスの遵守などを監査してくれます。対象にしたいWebページでAuditsパネルを開いて実行すると、**図2.12**のようにPWA（*Progressive Web Apps*）[注10]、パフォーマンス、アクセシビリティ、ベストプラクティスの4分類でそれぞれスコアを表示してくれます。特にWebページの速度を測るパフォーマンスについては、チェックリスト的な監査以外にも、表示開始から何秒時点でどれくらいコンテンツが表示されたかのスクリーンショットや、いろいろな指標の計測値も表示されます。

注10　最先端の機能によって、Webアプリケーションの強みを活かしながらネイティブアプリのような優れた体験を提供するWebアプリケーションの呼び名です。

図2.12　**Audtisパネルを利用したWebページの監査**

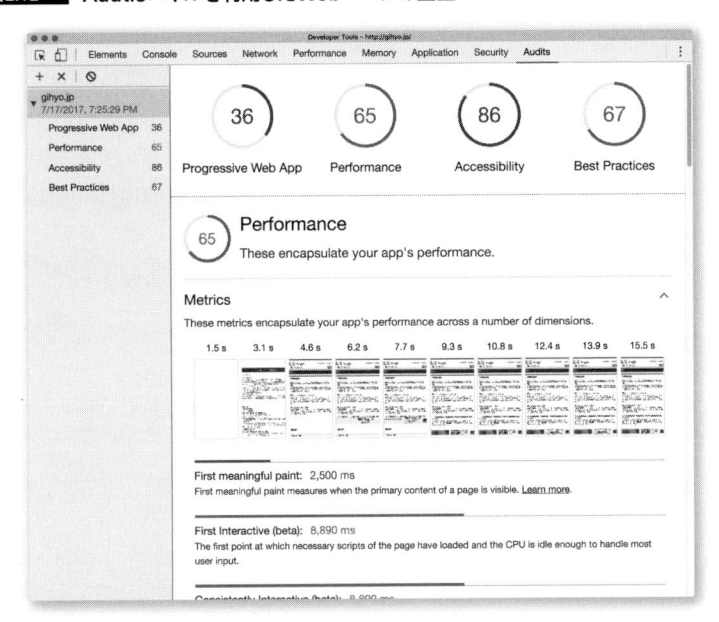

これらの機能はAuditsパネルに統合されているLighthouse[注11]というツールによって提供されています。LighthouseはもともとNode.jsで実行可能なコマンドラインツールなので、DevTools以外からもさまざまな形で実行できます。

▌PageSpeed Insights —— 指定URLのコンテンツを解析し改善提案するWebサービス

Googleが提供するPageSpeed Insights[注12]は、入力されたURLをチェックし、推奨される対策を教えてくれるWebサービスです。psi[注13]を利用するとコマンドラインからでも結果を取得できます。受託制作などでは、納品直前のチェックフローに組み込むのも有効です。

▌Webページのロード速度のモニタリング

Webページのロード速度に影響を及ぼす要因は、コンテンツを配信するソフトウェアだけでなく、ホストしているサーバ、ユーザーのデバイス環境、ネットワーク回線状況など非常にさまざまです。そのため、断片的な調査から見つけたボトルネックに対して、場当たり的な最適化を行うのは得策ではありません。

スタンフォード大学名誉教授であり『The Art of Computer Programming』[注14]の著者でもあるDonald E.Knuth氏は講演や著書の中で、「早すぎる最適化は諸悪の根源である」と述べています。速度の評価や改善の効果検証を継続的に行っていくためにも、まずは定常的に計測できる環境作りをしていくべきでしょう。

ここではWebページのロード速度をモニタリングする方法として、合成モニタリング（*Synthetic Monitoring*）とリアルユーザーモニタリング（*Real User Monitoring*）という2つを取り上げます。

注11　https://github.com/GoogleChrome/lighthouse
注12　https://developers.google.com/speed/pagespeed/insights/
注13　https://github.com/addyosmani/psi/
注14　Donald E. Knuth著、有澤誠、和田英一監訳、青木孝、筧一彦、鈴木健一、長尾高弘訳『The Art of Computer Programming Volume 1 Fundamental Algorithms Third Edition 日本語版』ドワンゴ、2015年

▌合成モニタリング —— 定常的な計測と詳細なレポート

合成モニタリングは、計測用の仮想環境などから、同じ条件で定期的に繰り返し計測を行ってモニタリングします（**図2.13**）。特定の環境から繰り返し計測するので、計測ごとの揺らぎが抑えられます。また、計測時の詳細なレポートを取得できるので、具体的な改善にも役立ちます。

前章と本章でこれまで述べたとおり、実際のWebページのロード速度はアプリケーションだけでなくさまざまな要因に左右されます。このことから、アプリケーション以外の利用側の要因、すなわち使用ブラウザやOS、ネットワークなどの条件が固定された環境での速度計測は、アプリケーションに起因するボトルネックを見つけるうえで重要な意味を持ちます。クライアント環境間の差異を比較するためにOS、ブラウザごとの環境があると望ましいですが、運用のコストも高くなってしまうので、まずは単一のOSとブラウザで始めるとよいでしょう。その場合、モバイルなどネットワーク的に悪条件での閲覧を想定し、低速な帯域条件を指定しておくとよいです。

ただし、特定環境からの計測にすぎないため、合成モニタリングだけではエンドユーザーに本当に十分な速度でWebページを提供できているかは判断できません。たとえば使っているサービスの計測サーバまたはそれを含むパブリッククラウドがアメリカ国内にある場合、日本国内とはレイテンシなどの条件がどうしても異なってきてしまいます。エンドユーザーの実態をつかみたい場合は、次に紹介するリアルユーザーモニタリングを使用します。

図2.13　**合成モニタリングの全体像**

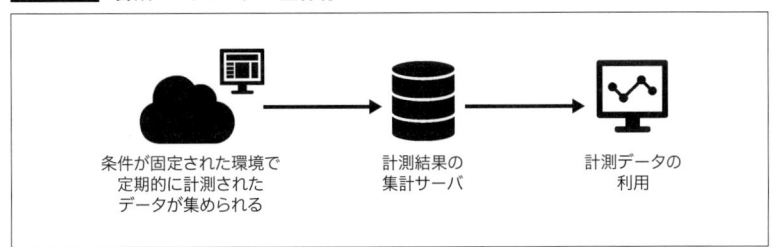

条件が固定された環境で
定期的に計測された
データが集められる

計測結果の
集計サーバ

計測データの
利用

▍リアルユーザーモニタリング —— ユーザーが体験した実測データの収集

　リアルユーザーモニタリングでは、実際のエンドユーザーがWebページを開いたときに都度、Webページに仕込んだ専用スクリプトによって実測データをサーバに投げて収集します（**図2.14**）。エンドユーザーが実際に利用したときの値やその分布を収集できますが、エンドユーザーの手もとで実行されたときの詳細なレポートはわからないので、合成モニタリングと比べて、改善の具体的な手がかりにはなりません。

　前述したとおり、合成モニタリングからはソフトウェアのボトルネックを検出するヒントを得られますが、実際にユーザーがアプリケーションを利用したときの実測値とは異なります。多様なユーザー環境からのアクセスに基づいたデータを集計し、リアルなユーザー体験を把握する計測軸がリアルユーザーモニタリングです。後述するTiming APIを用いてユーザーがアプリケーションを利用したときの性能を計測したデータを集計することも、リアルユーザーモニタリングに該当します。

　ECサイトを例に挙げると、商品購入アクションの到達率とページロードの時間を分布図にすることで、速度がビジネスゴールに及ぼす影響も可視化されます。このようにリアルユーザーモニタリングで各種コンバージョンと速度の相関性を参照しながら、合成モニタリングと合わせて双方向からモニタリングしていくのが理想的です。

図2.14　**リアルユーザーモニタリングの全体像**

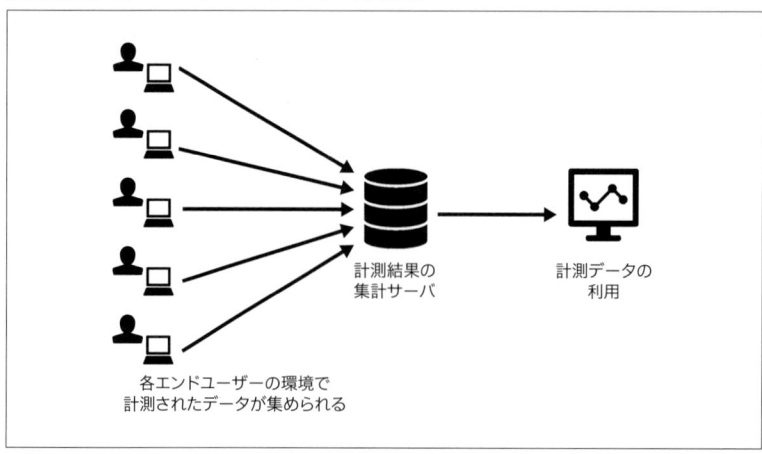

計測結果の
集計サーバ

計測データの
利用

各エンドユーザーの環境で
計測されたデータが集められる

▌Webページのロード速度をモニタリングするサービス

　これらのモニタリング方法を提供するサービスの中でも手軽に導入できるものや比較的安価なものを中心に紹介します。WebPagetestは紹介している中で、唯一無料で利用できます。

▌WebPagetest —— Googleが開発するオープンソースの速度計測サービス

　WebPagetest[注15] は、Googleが中心となって開発しているWebサイトの合成モニタリングサービスです（**図2.15**）。WebPagetestには、対象のWebサイトで発生する通信処理を一覧化したウォーターフォールチャートや、一定時間ごとにスクリーンキャプチャを撮ることで経過時間に対してどれだけ表示がされたかがわかるフィルムストリップなどの機能があります。

　オープンソースとして開発されているため、自分専用のプライベートなインスタンスも構築できます。不特定多数の人が利用するパブリックインスタンスとは異なり待ち時間が発生しませんし、API実行の際のAPIキーも不要です。テスト結果をパブリックに置きたくなかったり、計測対象が

注15　https://www.webpagetest.org/

図2.15　　**WebPagetestのテスト結果**

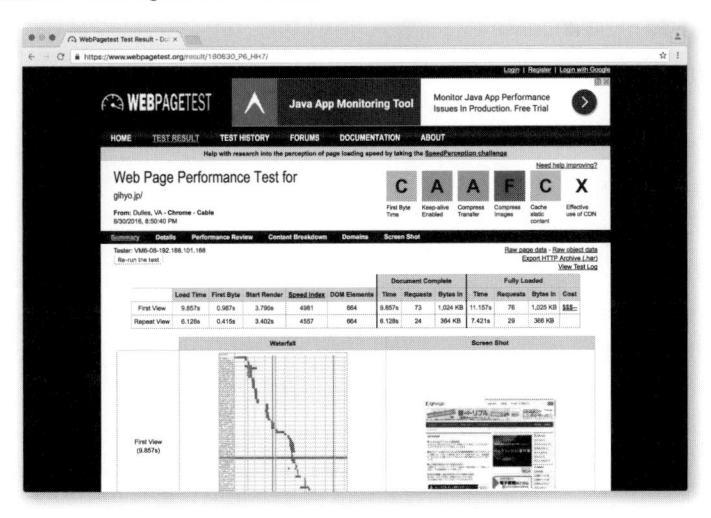

テストエージェントからアクセスできないなどの事情がある場合にも、プライベートインスタンスの利用をお勧めします。

　WebPagetestには、ブラウザからの実行だけでなくRESTfulなAPIも用意されているので、CI（*Continuous Integration*、継続的インテグレーション）サーバなどから定期的に実行することで計測を定常化できます。筆者も実際に業務でWebPagetestをホストし、展開するWebサービスの速度計測ツールとして運用した経験があります。

▌SpeedCurve —— より継続的な速度の計測に特化したWebサービス

　SpeedCurve[注16]は、合成モニタリングと、LUXという名称のリアルユーザーモニタリングを提供します。

　合成モニタリングは対象のURLと、OSやブラウザなどのクライアント環境の条件やネットワーク帯域、計測を実行する時間などを設定すると、内部でWebPagetestを利用した定期的な計測が実行されます。結果は、Speed IndexやStart Renderなどの推移をダッシュボードで確認できます（**図2.16**）。WebPagetestの実行結果を利用しているため、得られるデータは実質同じです。しかし、計測結果をきれいなグラフで見ることができます

注16　https://speedcurve.com/

図2.16　SpeedCurveのテスト結果

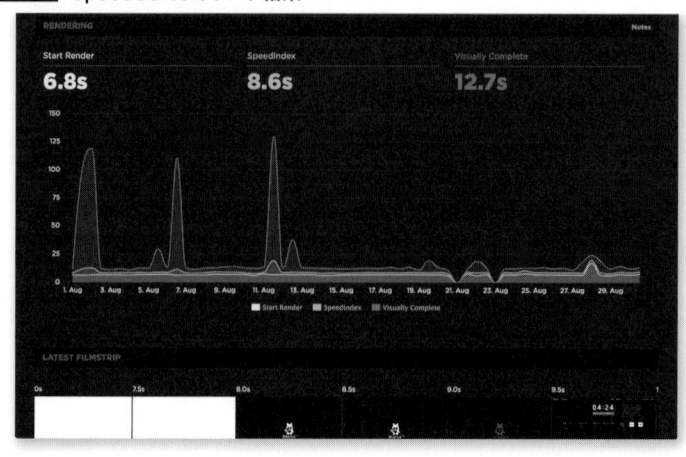

し、WebPagetestの結果を利用するための自前のツールや環境を構築、運用するコストも発生しません。有料でも利用するメリットは十分にあるサービスです。

　リアルユーザーモニタリングのLUXはGoogle Analyticsにもあるようなリアルタイムでアクセス中のユーザー情報や、合成モニタリングで得られた計測値との比較、ブラウザやOSのシェア、ユーザーの地理情報の分布などさまざまなデータが得られます。データを可視化するダッシュボードのインタフェースは図2.16に示した合成モニタリングのものと統合されています。

▌ New Relic ── Webアプリケーションの総合モニタリングサービス

　アプリケーションの性能を計測するさまざまなツールを提供するNew Relic[注17]ですが、中でもNew Relic Synthetics[注18]が合成モニタリングに、New Relic Browser[注19]がリアルユーザーモニタリングに相当します。

　合成モニタリングは基本的な指標の可視化はもちろん、計測ごとのネットワーク処理のウォーターフォールチャートなどの情報が得られます。リアルユーザーモニタリングは、基本的な速度指標の収集に加えて、ページビューやAjax（*Asynchronous JavaScript and XML*）の速度、JavaScriptのエラーなどの集計にも対応しており多機能です。また、サーバサイドモニタリングのNew Relic APM[注20]との連携や、普及してきているSPAの計測にも対応しています。

注17　https://newrelic.com/
注18　https://newrelic.com/synthetics
注19　https://newrelic.com/browser-monitoring
注20　https://newrelic.com/application-monitoring

▌Calibre ── 新鋭の速度計測サービス

Calibre[注21] も Webアプリケーションの速度計測サービスです（**図2.17**）。本書執筆時点では合成モニタリングのみを提供していますが、計測環境の設定やグラフ化、指標の変動に伴うアラートなど基本的な機能は一通りそろっています。

　このサービスの特徴は本章のAuditsパネルの説明で前述したLighthouseのスコアや、パフォーマンス指標についてのところで後述する指標の中でも比較的新しいものを積極的にサービスの機能として取り入れている点です。そのほかにも外部ツールとの連携機能にも積極的なので、今後パフォーマンス計測における有力なサービスに成長するかもしれません。想定するサービスの利用量によってはコスト面で優れるなどのメリットもあるので、現時点でも使ってみる価値は十分にあるでしょう。

注21　https://calibreapp.com/

図2.17　**Calibreのダッシュボード**

ブラウザのさまざまな処理時間を計測するTiming API

1.2節でも述べたとおり、ユーザーの手もとにはさまざまな環境要因が潜んでいます。こうした背景をもとに現在、実際のユーザーが体験したWebページの処理時間を得るためのブラウザAPIの策定が進められています。それがTiming APIです。

Timing APIでは、ユーザーがWebページを開いたときのさまざまなタイミングで発生した実測値を取得します。取得できる情報にはページロードやリソース取得の時間などがあり、これらのデータを集積すれば、実際のユーザーの手もとでのWebページの処理時間をモニタリングできます。前述した合成モニタリングや、リアルユーザモニタリングでも計測に使用されています。

Timing APIには、ブラウザのページロードにおける各段階にかかった時間を取得するNavigation Timing[注22]やリソース取得に関する情報を取得するResource Timing[注23]、任意のタイミングを計測するUser Timing[注24]などがあります。これらに加えてレンダリング処理やサーバのレスポンスに含まれる情報など、ブラウザの処理時間に関するさまざまな情報をAPIから取得できるように策定が進められています。

比較的古くから策定が進められているNavigation TimingやResource Timingはほとんどのブラウザで利用できます。User TimingはSafariではサポートされていませんがSafari Technology Previewで実装されており、足並みがそろいつつあります。そのほかはChromeが先行実装している状況なので、仕様の安定化とブラウザのサポートを待ちたいところです。

User Timing —— 任意のタイミング間の処理時間

User Timingはアプリケーションにおける任意のタイミングの処理時間を計測するAPIです。スクリプト処理中に`performance.mark()`メソッドを呼び出すことでそのタイミングに名前を付けてマークし、参照することを可能にします。また`performance.measure()`メソッドを使えば、記録した

注22　http://w3c.github.io/navigation-timing/
注23　http://w3c.github.io/resource-timing/
注24　http://w3c.github.io/user-timing/

マークどうしの差分を算出し保存できます。

　これらを使ってXMLHttpRequestによる非同期リクエストを計測すると、次のようになります。

```
User Timingを使った非同期リクエストの計測
const xhr = new XMLHttpRequest();
xhr.open('GET', '/', true);
xhr.onload = () => {
  performance.mark('mark-xhr-end');
  performance.measure('xhr-start-end', 'mark-xhr-start', 'mark-xhr-end');
  console.log(performance.getEntriesByType('mark'));
  console.log(performance.getEntriesByType('measure'));
};
performance.mark('mark-xhr-start');
xhr.send();
```

　ここではリクエストの送信直前をmark-xhr-start、レスポンスの受信直後をmark-xhr-endとしてマークし、その差分をxhr-start-endとして算出しています。取得にはgetEntriesByType()メソッドを使っていますが、渡す引数に応じてperformance.mark()とperformance.measure()メソッドそれぞれで保存したマークを取得できます。これは単純な例ですが、JavaScriptのコード上であればどこでもマーキングできるので、アプリケーションにおけるさまざまな処理時間を測定できます。

　User Timingのマークは、JavaScriptからアクセスできるほか、さまざまなツールでサポートされています。DevToolsのPerformanceパネルで記録できるタイムラインや、WebPagetestやSpeedCurveで計測されたタイムラインでも可視化されます。これを応用すれば、開発時のデバッグはもちろんのこと、ボトルネックの継続的なチェックにも活かしていけます。

Navigation Timing —— Webページへのナビゲーションに関する処理時間

　Navigation Timingは、ブラウザのロケーションバーにURLを入力したり、リンクをクリックしたりなどWebページへのナビゲーション時に発生する、DNSルックアップやTCP接続、リクエストといった一連の処理それぞれが、いつ開始し終了したかを詳細に得ることができます。ブラウザのDOMContentLoaded、load、unloadといったページロード中に発生するイベントからも大まかなタイミングがわかりますが、Navigation Timingには詳

細なメトリクスが定義されており、より正確な値を取得できます(**図2.18**)。

メトリクスからは処理それぞれの開始と終了が取得可能で、その差分から任意のメトリクス間にどれだけ時間がかかっているかを得ることもできます。次の例では Navigation Timing で定義されている処理のタイミングと、それを使って各処理に要した時間を算出しています。

```
Navigation Timingを使ったナビゲーション処理の計測
const timing = performance.timing;
console.log(
  `Unload: ${timing.unloadEventEnd - timing.unloadEventStart}\n`,
  `Redirect: ${timing.redirectEnd - timing.redirectStart}\n`,
  `App Cache: ${timing.domainLookupStart - timing.fetchStart}\n`,
  `DNS: ${timing.domainLookupEnd - timing.domainLookupStart}\n`,
  `TCP: ${timing.connectEnd - timing.connectStart}\n`,
  `Request: ${timing.responseStart - timing.requestStart}\n`,
  `Response: ${timing.responseEnd - timing.responseStart}\n`,
  `Processing: ${timing.domComplete - timing.domLoading}\n`,
  `Onload: ${timing.loadEventEnd - timing.loadEventStart}\n`
);
```

図2.18   **Navigation Timingのメトリクスモデル**

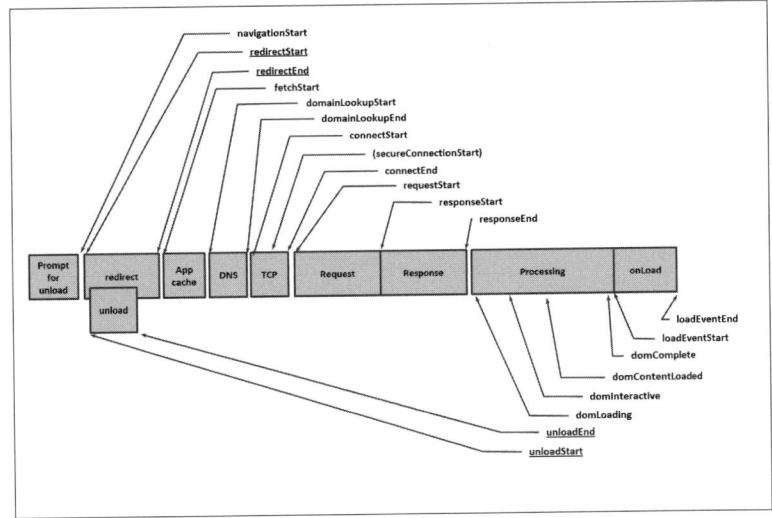

※「Navigation Timing - 5.1 Processing Model」(https://www.w3.org/TR/navigation-timing/#processing-model) Copyright 2012 W3C (MIT, ERCIM, Keio), All Rights Reserved.

Resource Timing —— サブリース取得時の処理時間

Resource Timing は Web ページのサブリソース取得時の詳細な情報を取得します。リソースには CSS、JavaScript、画像ファイルのような静的リソースのほかに、XMLHttpRequest などの非同期通信も含まれます。

前述したとおり、昨今の Web アプリケーションにおいてロードされるサブリソースの数は、100 を超えることも珍しくありません。CSS、JavaScript、画像のみならず、フォントファイルや音声や動画といったメディアファイルも以前より使われるようになり、ファイルサイズも大きくなる傾向にあります。このようにサブリソースに起因する通信の遅延リスクは必然的に高まっていることもあり、これらのモニタリングも欠かせません。

Resource Timing では、次のように performance.getEntriesByType() メソッドに resource を渡して呼び出すことで、サブリソースに関するネットワーク処理結果を取得できます。

```
Resource Timingを使ったリソース取得処理の計測
const resources = performance.getEntriesByType('resource');
for (const resource of resources) {
  console.log(
    `Name: ${resource.name}\n`,
    `Entry Type: ${resource.entryType}\n`,
    `Start Time: ${resource.startTime}\n`,
    `Duration: ${resource.duration}\n`,
    `Redirect: ${resource.redirectEnd - resource.redirectStart}\n`,
    `DNS: ${resource.domainLookupEnd - resource.domainLookupStart}\n`,
    `TCP: ${resource.connectEnd - resource.connectStart}\n`,
    `Request: ${resource.responseStart - resource.requestStart}\n`,
    `Response: ${resource.responseEnd - resource.responseStart}\n`
  );
}
```

Paint Timing —— Webページのレンダリング状況に関する処理時間

Web ページのナビゲーション時に発生する処理や、サブリソースの取得状況は Navigation Timing や Resource Timing で取得できますが、実際にレンダリングに至ったかを測るものではありません。実際のユーザー体験につながる指標として、さまざまなブラウザの処理が行われたうえで Web ページのレンダリング状況がどうだったかを取得するために Paint Timing は提案されました。

　現在取得できるのは、ページのレンダリングが開始したときである First Paint と、コンテンツのレンダリングが開始したときである First Contentful Paint の2つです。First Paint はページロード直後の真っ白な画面の状態から何らかが表示されたタイミングを、First Contentful Paint はページコンテンツであるテキストや画像が初めて表示されたタイミングを指します。こちらもネットワーク処理に直結する情報ではありませんが、クリティカルレンダリングパスの状態に関わる重要な指標です。

```
▐ Paint Timingを使ったレンダリングの計測
const paints = performance.getEntriesByType('paint');
for (const paint of paints) {
  console.log(
    `Name: ${paint.name}\n`,
    `Entry Type: ${paint.entryType}\n`,
    `Start Time: ${paint.startTime}\n`,
    `Duration: ${paint.duration}\n`
  );
}
```

▐ Server Timing —— サーバ内で発生した処理時間

　ブラウザとサーバのやりとりにおいては、リクエストしてからレスポンスが開始されるまでの待ち時間を得ることはできましたが、サーバのどの処理にどれだけ要したかといった具体的な情報を取得する手段がありませんでした。Server Timing は、サーバ内部の処理にかかった時間をレスポンスヘッダの Server-Timing フィールドに含めることで、ブラウザ側の API を介してそれらの情報をクライアントサイドで取得できるようにする仕様です。

　たとえばサーバの API のレスポンス速度をチェックしたいとします。この場合はデータベースアクセスやデータのキャッシュ、レスポンスの成形処理といったそれぞれの処理時間を計測しておいて、レスポンスヘッダに Server-Timing: db=80ms; cache=50ms; parse=30ms のように含めることで、ブラウザに蓄積されて API からアクセスできます。

```
▐ Server Timingを使ったサーバ処理の計測
const servers = performance.getEntriesByType('server');
for (const server of servers) {
  console.log(
```

```
    `Name: ${server.name}\n`,
    `Entry Type: ${server.entryType}\n`,
    `Start Time: ${server.startTime}\n`,
    `Duration: ${server.duration}\n`,
    `Metric: ${server.metric}\n`,
    `Description: ${server.description}\n`
  );
}
```

2.4
プロダクトに応じた指標作り

　一口にWebサイトと言っても、静的なHTMLで構成されたランディング
ページや、ページロード後は非同期通信で動的にコンテンツを書き換える
SPAなどさまざまです。そのためボトルネックや改善の方針も、アプリケ
ーションの性質に応じて異なります。また、扱っているビジネスのフェー
ズによっても改善の方針は変わります。

　いろいろな指標をよく理解して引き出しを広げておくことで、状況に応
じて適切な指標を選び取り、改善に結び付けられるようになります。

表示速度に対する間接的な指標

　まずは、以前から使われてきている基本的な指標を紹介します。これら
は残念ながらページロード時の表示速度を直接的に表現する指標ではあり
ませんが、これらの指標が改善すれば効果は確実にあります。

ページロードに関わるブラウザイベント

　ブラウザのページロードには、HTMLドキュメントのロード完了
（DOMContentLoaded）とサブリソースのダウンロードと評価も含めたページ
ロード完了（load）の2つのイベントが含まれます。ナビゲーションを開始
してから、これらのイベントが発生するまでの所要時間は指標の一つにな
り得ます。

　DOMContentLoadedイベントはブラウザによるHTMLドキュメントのロー

ド完了を意味しますが、途中で発生するCSSや画像のようなサブリソースのロードを待ちません。これに対しloadイベントはページを構成するすべての要素がそろったことを意味します。2.2節でクリティカルレンダリングパスについて説明したとおり、ページのレンダリング開始はリソースがいかに早くそろうかが左右します。loadイベントはWebサイトのネットワーク性能を表す大まかな指標として、DOMContentLoadedイベントとの差分はサブリソースによって発生するオーバーヘッドとしてとらえてください。

▌ リクエスト数とファイルサイズ

リクエスト数とファイルサイズの大小がWebページのロードに影響することは前述したとおりですが、具体的にはDOMContentLoadedからloadイベントまでの時間に作用する要因ともとらえられます。ページロードの最適化の初期段階として、まずはリクエスト数とファイルサイズの削減を掲げ、次に紹介するようなビジュアル上の表示速度と連動した指標を実測値として観察していくのもよいでしょう。

▌ ユーザー体験に基づいた表示速度の指標

ページロードの速度は、ナビゲーションの開始からスクリーンにWebページのビジュアルが表示されて操作可能になるまでの所要時間としてとらえられます。前述したブラウザイベントやリクエスト数、ファイルサイズといった従来の指標ではビジュアルの表示量など、ユーザー体験に基づく表示速度をとらえられませんでしたが、近年はそれを表現する指標が多彩になってきています。

以降で紹介する指標を左右するのは、リクエスト数やファイルサイズだけではありません。クリティカルレンダリングパスを含めたあらゆるページロードの構成要素が含まれ、包括的な最適化が要求されます。エンドユーザーの体験に最も近い指標として認識し、取り組んでいきましょう。

図2.19は、以降で紹介する指標のうち、Speed Index以外の4つの指標のタイミングの前後関係を示すものです。

▌First Paint —— ページが表示され始めたとき

前節で説明したように、First Paintはナビゲーションの開始(白い画面の状態)からWebページの何らかが表示され始めたタイミングを指します。たとえば、背景色の表示が始まった時点でFirst Paintになり得るでしょう。ユーザー体験と直結し得るビジュアル上の表示速度に基づいた指標として代表的なものであり、先に紹介したモニタリングサービスの多くがサポートしています。Start Renderと呼ばれることもあります。

First Paintと次項のFirst Contentful Paintは、その指標の定義も含めてPaint Timingによって策定されていて、Paint Timingで取得できます。First Paintはそれ以外にも、ブラウザ固有のAPIではありますが、Chromeであれば`chrome.loadTimes().firstPaintTime`プロパティで、EdgeやInternet Explorerであれば`performance.timing.msFirstPaint`プロパティで取得できます。APIから取得できない場合はキャプチャによる画像比較で判定することになります。

▌First Contentful Paint —— コンテンツが表示され始めたとき

First Contentful Paintは、ナビゲーションの開始からWebページのコンテンツが表示され始めたタイミングを指します。First Paintと似ていますが、First Paintがとにかく何らかの表示があれば成立するのに対して、First Contentful PaintはSVGやCanvasを含む画像、テキストなど、コンテンツになり得る要素の表示によって成立します。

図2.19 ユーザー体験に基づいた指標と前後関係

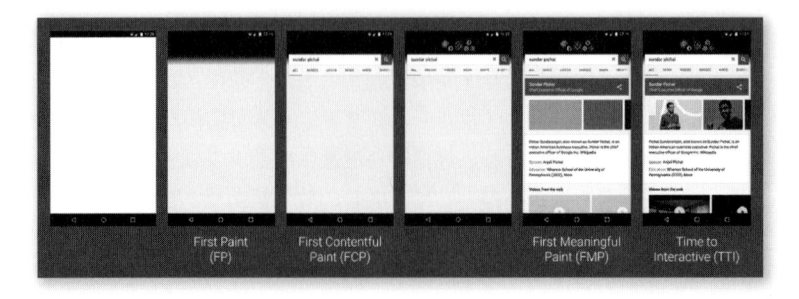

※「Leveraging the Performance Metrics that Most Affect User Experience | Web | Google Developers」(https://developers.google.com/web/updates/2017/06/user-centric-performance-metrics) licensed under a Creative Commons Attribution 3.0 Unported License.

First Contentful Paintは前述したようにPaint Timingで取得できます。First Contentful Paintも先ほどのFirst Paintもブラウザの内部処理から判定可能であるため、ビジュアル上の表示速度に基づく指標の中では比較的扱いやすい指標でしょう。

▌ **First Meaningful Paint** ── ユーザーに意味のある表示になったとき

First Meaningful Paintはここまでの2つと比べると定義があいまいな指標で、Webページがユーザーにとって意味のある(役に立つ)表示になったタイミングを指します。

ユーザーにとって意味のある表示というアプリケーションによって事情が異なるタイミングをどのように判定するかが、この指標をFirst PaintやFirst Contentful Paintのように標準化するうえでのハードルになっています。このようにあいまいな定義の指標ではありますが、妥当性の高いロジックによって算出しようという試みもあるので、今後、気軽に計測できる扱いやすい指標に育っていくことが期待されます。

現状では、ユーザーにとって意味のある表示になったタイミングでUser Timingを利用して計測するか、計測ツール上でスクリーンキャプチャを撮って画像比較で判定することになるでしょう。

▌ **Time To Interactive** ── ユーザーの操作に応答できるようになったとき

Time To Interactiveは、Webページの表示を終えてユーザーの入力に対して確実に応答できるタイミングを指します。Webページの初期化に伴うリソースのロードやLong Task[注25]の発生が一通り落ち着いて、1.4節で紹介したRAILモデルにおけるIdleの要件を満たす状態です。tti-polyfill[注26]は、Time To Interactiveを計測するためのサンプル実装になっています。

SPAのようにJavaScriptの初期化やAPIとのやりとりにも時間がかかる性質のアプリケーションでは、ビジュアル上の表示速度が速くても、実際に操作可能になるまでさらに時間を必要とすることがあります。そのような場合には、Time To Interactiveのような指標を取り入れるとよいでしょ

注25　イベントループ中の50ミリ秒以上かかるタスクのことです。
注26　https://github.com/GoogleChrome/tti-polyfill

う。この指標も First Meaningful Paint と同様に定義にあいまいなところがあるのですが、いずれは気軽に計測できる指標に育っていくことが期待されます。

▎Speed Index —— Above the Fold の性能を示すスコア

ATF（*Above the fold*）は、スクロールせずに閲覧可能な画面領域を表します。ページロードにおいて ATF にいち早くコンテンツが表示されることは、ユーザーの体感速度を向上させることにつながるので、ページロード最適化で最終的に目指すところです。

Speed Index[注27] は ATF での表示性能を数値化したもので、ページロードの経過時間に対するコンテンツのレンダリング量をプロットし、レンダリングされなかった領域面積をスコア化します。よって、Speed Index は値が小さいほど優れていることになります。ブラウザの API から取得できる値ではなく、経過時間に対するコンテンツレンダリング量をスクリーンキャプチャなどから得てスコアを算出します。

Speed Index は WebPagetest で計測できます。ほかに、本章で紹介したモニタリングサービスの中では、内部で WebPagetest を利用している SpeedCurve と Calibre でも計測できます。

▎プロダクトに応じた速度の指標

First Meaningful Paint の説明とも共通しますが、何が速ければ目指すビジネスゴールが達成されるかは、アプリケーションの性質によって異なります。本当にクリティカルなタイミングは、ここまで紹介したような一般的な指標だけでは得られないことがあります。たとえば、YouTube のように動画再生をコンバージョンとする場合は、ページを表示してから動画がバッファリングされて再生開始するまでの時間も問われます。音楽などのそのほかの非同期コンテンツも同様です。

まずは一般的な指標から始めることをお勧めしますが、最終的には、自分たちのアプリケーションの本質的価値につながる指標を生み出せること

注27　https://sites.google.com/a/webpagetest.org/docs/using-webpagetest/metrics/speed-index

が望ましいでしょう。動画再生の例で言えば、First Meaningful Paintでは
ページロードに伴うビジュアル的な表示量に注目しているため、非同期に
始まる動画再生の開始を正しく計測することはできません。User Timing
など任意の箇所を計測する手段をうまく使いこなす必要があります。

▌パフォーマンス予算 —— 運用中に守るべき基準値の設定

　Webページのロードが遅いとユーザーの離脱や体験の低下を招いてしま
うことは前述しました。WebページのロードはRAILモデルにおけるLoad
に該当するので、与えられた時間はわずか1秒です。その与えられた時間
を予算として、それを超えないようにやり繰りすることは重要です。この
ような考え方をPerformance Budget[注28]、直訳するとパフォーマンス予算と
呼びます。

　Webページのロードが1秒以内という基準は厳密さに欠けるのと、現実
的には困難な値なので、ここまで紹介した指標からいくつかを選んで自分
たちのプロダクトに合わせた基準値を予算として設定するとよいでしょう。
たとえばFirst Paintの予算を2秒にしたら、運用や改修の中で2秒を超えて
しまったときは2秒を下回るように改善しなければなりません。たとえば
画像ファイル数の予算を60個に設定したら、それを超えないように慎重に
開発しなければなりません。運用中に放っておけばWebページの速度は必
ず低下してしまうので、一定の水準を維持し続けるためには、このような
取り組みが不可欠です。

　プロダクトの運用中は、先に紹介したWebページのロード速度をモニタ
リングするサービスで定常計測して、各指標に設定された予算を上回って
しまったらアラートが送られるように設定するとよいでしょう。メール通
知やSlack[注29]のようなチャットサービスとの連携など、アラートを届ける
いくつかの方法がモニタリングサービスごとに提供されています。

注28 https://timkadlec.com/2014/11/performance-budget-metrics/

注29 https://slack.com/

2.5
まとめ

　昔からWebページのロード時間の高速化は関心の高い分野でしたが、新しいWeb標準仕様の普及や、HTTP/2の台頭によってセオリーが変わりつつあります。基本の見なおしと同時に、知識をアップデートし続けるべき分野です。

第3章

ネットワーク処理の調査と改善

　ネットワーク処理の改善は、Webページをロードしたときの表示速度に大きく影響します。前章で述べたネットワーク処理最適化の3原則を、Webページのロード時に発生するネットワーク処理に対してどのように適用していくかがポイントです。

　本章では、ネットワーク処理に関する問題の調査方法と、問題が認められた場合の改善方法について具体的な例をもとに解説します。

3.1

サイズの大きいリソースの調査と改善

　まずはサイズの大きいリソースを特定しましょう。ファイルサイズが大きいとダウンロードに時間がかかり、HTTP/1においては同時接続数の1つを占有してしまう時間も長くなるため、ほかのリソースのダウンロードを阻害する要因になります。

調査方法

　DevToolsやPageSpeed Insightsを使った調査で、サイズの大きいリソースを特定できます。

サイズの大きいリソース

　ダウンロードにかかる時間はさまざまな要因により変化しますが、主な要因の一つはリソースのサイズです。リソースのサイズが大きいほどダウンロードに時間がかかります。

　NetworkパネルのSizeカラムをクリックし降順でソートすると、サイズの大きいリソースから順に表示されます（**図3.1**）。ダウンロード完了までに要する時間も、リソースサイズの大きさと比例する傾向にあるでしょう。

ダウンロードに時間がかかっているリソース

　NetworkパネルのWaterfallカラムのTotal Durationによる降順ソートでは、リクエストとそのレスポンスに要した処理時間の合計が大きいものか

ら順に表示されます（**図3.2**）。

　棒グラフの左の色が薄い部分はLatency（ネットワーク接続開始からレスポンスの最初の1バイトがブラウザに到達するまでの時間）、右の濃い部分はContent Download（レスポンスの受信開始から完了までの時間）を表します。Content Downloadの時間のみでソートすることはできませんが、どのリクエストがダウンロードに時間を要しているかは、この方法でおおよそ把握できます。

▍適切な最小化が行われていないテキストリソース

　HTML、CSS、JavaScriptといったテキストリソースの大きさは、ダウンロード時間だけでなく、ブラウザがそれらを評価するコストや占有するメモリにも影響します。

　開発時はソースコードに空行やスペース、コメントなどを含めて保存しますが、それらはブラウザが評価するときには必要のない情報です。それらを含んだ状態でリソースが配信されていると、思いも寄らず大きなデー

図3.1　　Networkパネルの Sizeカラムによるソート

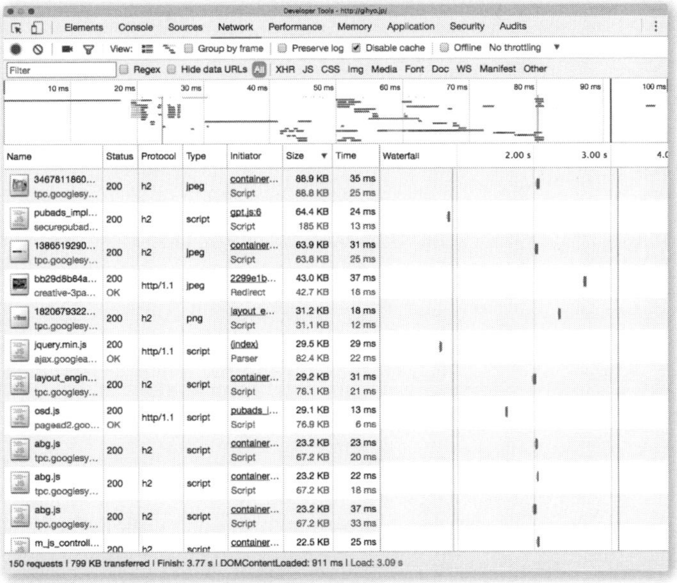

タになっていることがあります。また、CSSプリプロセッサやトランスパイラなどの元コードからの変換処理を必要とするコードには、デバッグに利用するソースマップがインラインコメントとして含まれていることもあります。ソースマップは元コードの情報を保持するため大量のテキストデータが追加されてしまうので、チェックしてみるとよいでしょう。

　また、gzip圧縮が適切に行われているかも重要です。前章で紹介したDevToolsのNetworkパネルでレスポンスヘッダの詳細を見れば、Content-Encoding: gzipとしてサーバから配信されているかを確認できます。また、同じく前章で紹介したPageSpeed Insightsでも、テキストリソースにgzip圧縮が適用されていないことを検出できます。

▌不必要に大きいサイズの画像

　画像は、ピクセルサイズが小さくても表示には関係ないメタデータがデータの大部分を占めていたり、未圧縮の状態では数MBに及んだりすることも珍しくありません。また、レスポンシブWebデザイン実装時などに高

図3.2　　NetworkパネルのWaterfallカラムのTotal Durationによるソート

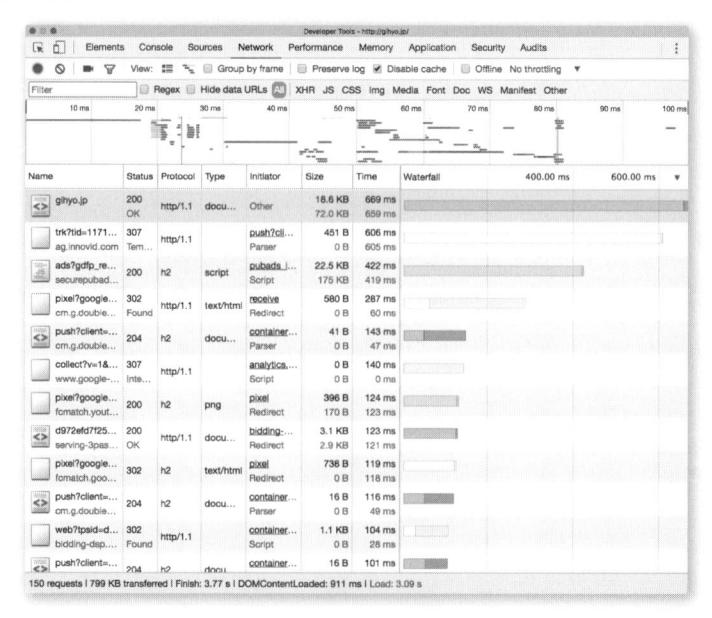

解像度の画像をHTMLやCSSで縮小して表示している場合、実際の表示に対して大きすぎるデータをダウンロードしていることもあります。

　前章で紹介したPageSpeed InsightsにチェックしたいページのURLを入力し分析すると、Webページの性能に関するさまざまな修正の提案をしてくれます。ページで使っている画像に最適化の余地があると、「画像を最適化する」に、最適化対象の画像が一覧化されます。

▌改善方法

　サーバからブラウザに送信するリソースは、できる限り小さくするのが基本です。ダウンロードに時間がかかっているリソースに圧縮が適用されているかを確認しましょう。

▌テキストリソースの最小化

　CSSやJavaScriptなどのテキストデータは、ツールを利用して、空行やスペース、コメントなどを取り除く最小化処理を適用しましょう。JavaScriptであれば、変数やプロパティの命名を短い文字列に置き換えるなどの処理も適用されます。Webで一般的に利用されるテキストデータを最小化するには、**表3.1**のようなツールがあります。表にあるツールの大半は1.6節で紹介したNode.js製ですので、npmを利用してインストールできます。

　次のコマンドは、JavaScriptの最小化ツールuglify-esをインストールして実行する例です。

```
uglify-esをグローバルにインストール
$ npm install uglify-es -g
uglify-esによる最小化を./src/main.jsに適用する
$ uglifyjs --compress --mangle -- ./src/main.js
```

　Node.js製のツールは、1.6節で言及したビルドツールのgulpやwebpack向けのプラグインが提供されていることが多いので、手もとの環境に合わせて利用するパッケージを選択してください。一度ビルドプロセスに設定してしまえば、あとの手間はかかりません。

テキストリソースの配信時圧縮

　テキストリソースをサーバから配信するときは、圧縮プログラムでファイルサイズをさらに小さくするべきです。gzipという一般的な圧縮プログラムでテキストデータを圧縮すると、60〜70％ほど削減できます。

　gzipは圧縮レベルを設定できます。対象のテキストデータにもよりますが、一般的に圧縮レベルが高いほど圧縮率は高くなり、処理にかかる時間も長くなります。配信サーバのCPUが高性能であれば圧縮レベルを高めてもよいですが、圧縮レベルを高めても大幅な圧縮率向上は望めないため、デフォルト値である6にしておくのが無難です。

　ほとんどの場合は配信サーバで一括設定できるので、開発者の手もとで一つ一つのファイルにgzipを適用することはありません。次に示すのは、HTTPサーバであるnginxの設定ファイルに、gzipを適用した配信を指定する例です。httpディレクティブを指定したコンテキスト内に記述しています。

```
nginxのgzip設定例
http {
  gzip            on;      # gzipの有効化
  gzip_comp_level 6;       # gzipの圧縮レベル
```

表3.1　各種テキストデータの圧縮ツール

形式	ツール	概要
HTML	html-minifier	Node.jsで動作するHTMLの圧縮ツール。 https://github.com/kangax/html-minifier
CSS	clean-css	Node.jsで動作するCSSの圧縮ツール。ソースマップ対応。https://github.com/jakubpawlowicz/clean-css
	cssnano	Node.jsで動作するPostCSS製のCSSの圧縮ツール。Source Map対応。https://github.com/ben-eb/cssnano
	csso	Node.jsで動作するCSSの圧縮ツール。ソースマップ対応。https://github.com/css/csso
JavaScript	uglify-es	Node.jsで動作するJavaScriptの圧縮ツール。ソースマップ対応。https://github.com/mishoo/UglifyJS2
	Closure Compiler	Googleが開発するJavaで動作するJavaScriptの圧縮ツール。圧縮レベルを設定することで、さらなる高圧縮も実行できる。ソースマップ対応。 https://github.com/google/closure-compiler
SVG	SVGO	Node.jsで動作するSVGの圧縮ツール。 https://github.com/svg/svgo

```
gzip_types      text/html # gzipを適用したい配信対象のMIMEタイプ
                text/css
                text/javascript
                application/javascript
                image/svg+xml;
    gzip_min_length 1024;   # 1KBに満たない十分に小さいファイルはgzipを適用しない
}
```

　nginxの例を示しましたが、Apache HTTP ServerやCDNの設定などでも何らかの形でgzip適用の指定が可能なので、確認してみてください。

　このようにサーバで動的にgzip圧縮を適用している場合、圧縮と展開のCPUコストはサーバとブラウザのそれぞれにかかりますが、ネットワーク処理のコストよりは問題になりづらいです。

　CSSやJavaScriptのような静的なファイルであれば、ビルド時などにgzipしたファイルを生成しておくことで、配信時に動的に圧縮するコストを削減することもできます。次に示すのは、nginxで`gzip_static`ディレクティブを利用してgzip圧縮済みのファイルを配信するための例です。

nginxのgzip_static設定例
```
http {
  gzip_static    on; # gzip_staticの有効化
  gunzip         on; # gunzipの有効化
}
```

　この設定を適用すれば、たとえば/app.jsへのリクエストがあったとき、サーバ上の対応するパスに/app.js.gzというgzip圧縮済みのファイルがあれば、それが代わりに配信されます。gunzipディレクティブはHTTPクライアントがgzipをサポートしていない場合に、gzip圧縮済みのファイルをサーバで展開（解凍）してから配信するためのものです。これらのディレクティブはデフォルトで組み込まれておらず、ビルド時にオプションを付けて有効化する必要があることに注意してください。

　広く普及しているのはgzipですが、ほかにもgzipと互換性を持ちつつ圧縮率を向上させたzopfliや、高圧縮を誇りzopfliに比べてさらに20〜26％小さくなるbrotliなどがあります。zopfliはgzipに対応しているクライアントであれば解凍できるので、すでにほとんどのクライアントが対応しています。一方でbrotliは圧縮アルゴリズムとして新しく、対応しているクラ

イアントは十分とは言えませんが、ブラウザではInternet Explorer、Android Browser以外の最新バージョンであれば対応しています。ブラウザはリクエスト時に`Accept-Encoding`ヘッダを付加することで対応する圧縮アルゴリズムをサーバに伝えており、サーバ側はそれをもとに可能な選択肢の中から最も圧縮率の高い形式で配信するというしくみを実現できます。先行してbrotliを導入してみる価値はあるでしょう。

デバイスに適した画像の取得と最適化

適切な画像形式を選び、最適化を実施することで、画質を犠牲にせずファイルサイズを大きく減らせることは珍しくありません。開発側で用意したUIやバナーなどの画像だけでなく、ユーザーが投稿する画像に対しても可能な限り処置を施していくのが望ましいでしょう。

レスポンシブWebデザインにおいては、大きな画像を小さなスクリーンでロードする状況も珍しくありませんが、適切なサイズの画像をロードさせることで、デバイスへの負担を減らせます。

こうした画像の取り扱い全般については、第8章で詳しく解説します。

肥大化したJavaScriptファイルの初期化コストの削減

JavaScriptファイルをwebpackのようなモジュールバンドラ[注1]で結合した結果、gzip適用前で1MBを超えるような巨大ファイルになってしまうことがあります。特に、肥大化しすぎたJavaScriptファイルはダウンロード時間だけでなく、パース、評価、実行に至る初期化コストも高くなってしまいがちで、性能的に劣るモバイルデバイスではページロードの速度に関わる大きな問題になることもあります。

ファイルサイズが大きいライブラリを別のまとまりにして結合したり、そのような大きいライブラリにそもそも依存しないようにしたり、ビルドされるファイルをページごとなど適切な粒度に分割したりといった、肥大化したJavaScriptファイルが生まれないように工夫することが必要です。

webpackであればCode Splittingという機能群を利用することで、ビルドされるファイルを分割できます。次のコードはまとめる単位をライブラ

注1　ファイル間の依存関係を解決して、1ファイルにまとめてビルドするツールのことです。

リとそのほかで分割する設定例です。

```
ライブラリとそのほかでまとめるwebpackの設定例
const path = require('path');
const webpack = require('webpack');

module.exports = {
  entry: {
    'app-mobile': path.resolve(__dirname, './src/app-mobile.js'),
    'app-desktop': path.resolve(__dirname, './src/app-desktop.js')
  },
  plugins: [
    new webpack.optimize.CommonsChunkPlugin({
      name: 'lib',
      chunks: ['app-mobile', 'app-desktop'],
      minChunks: module => {
        return module.context && module.context.indexOf('node_modules') !== -1;
      }
    })
  ],
  output: {
    path: path.resolve(__dirname, './build'),
    filename: '[name].js'
  },
  target: 'web'
};
```

3.2
▌待機時間が長いリクエストの調査と改善

　次に、サーバがリクエストを受け取ってからリソースの送信を開始する
までの待機に時間を要しているリクエストを特定しましょう。待機時間は、
HTMLやCSS、画像といった静的なファイルを返却している場合は短くて
済みます。しかし、リクエストされたURLに対し動的なデータを返却して
いる場合は、サーバでデータベースアクセスやデータの加工といった処理
が行われるため、比較的長くなります。

調査方法

DevToolsのTimingタブに表示されるWaitingはTime To First Byte（TTFB）とも呼ばれ、リクエストを送信してからレスポンスの最初の1バイトがブラウザに到達するまでの時間を意味します（**図3.3**）。つまり、このWaitingの時間が長いものほど、サーバがリクエストを受け取ってからレスポンスを返すまでに時間がかかっていることを意味します。

ネットワーク接続のセットアップに時間のかかるリクエスト

WaterfallカラムをStart Time、Response Time、End Timeのいずれかでソートすると、Timingタブに含まれる情報がネットワークリクエストのタイムラインに表示されます（**図3.4**）。このうち、リクエスト送信の前段階で行われるネットワーク接続のセットアップ処理は、前章で説明したConnection Startフェーズに細いバーで表されます（図3.4❶）。ネットワーク接続のセットアップ処理が占める割合が多いリクエストは、これで特定できます。

ダウンロード開始までに時間がかかるリクエスト

WaterfallカラムをクリックしLatencyで降順ソートすると、ダウンロード開始までに時間がかかっている順にリソースが並びます（**図3.5**）。Latency

図3.3　　リクエストしてからレスポンスされるまで

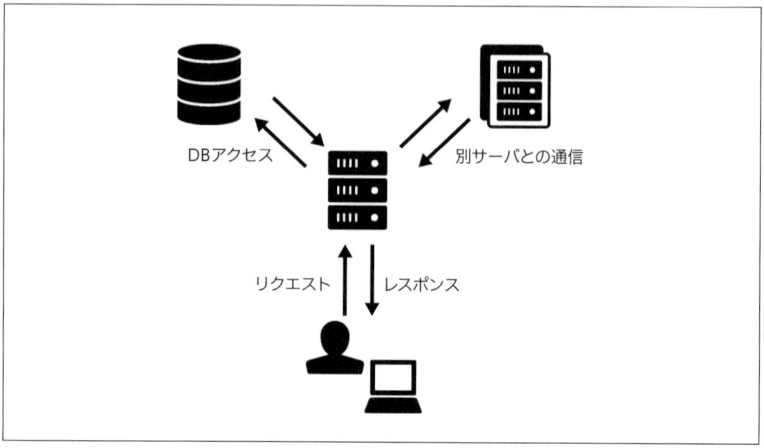

図3.4　　Timingタブに見る待機時間の内訳

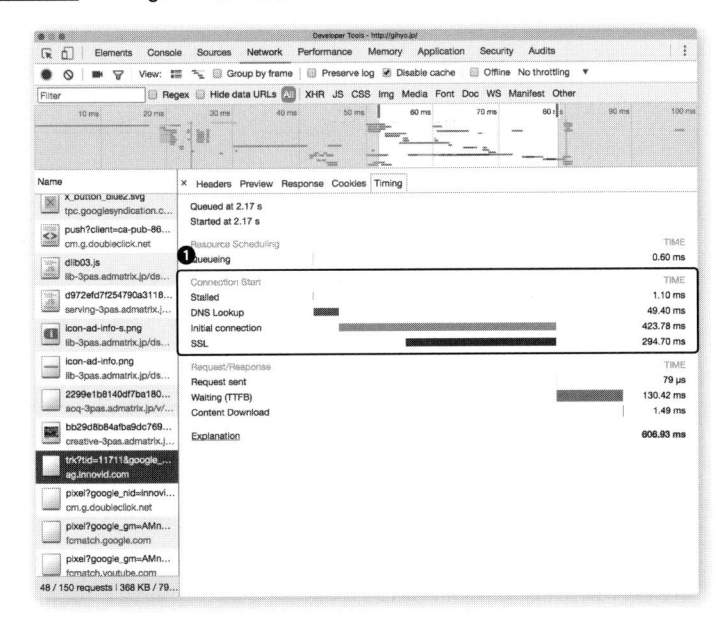

図3.5　　NetworkパネルのLatencyによるソート

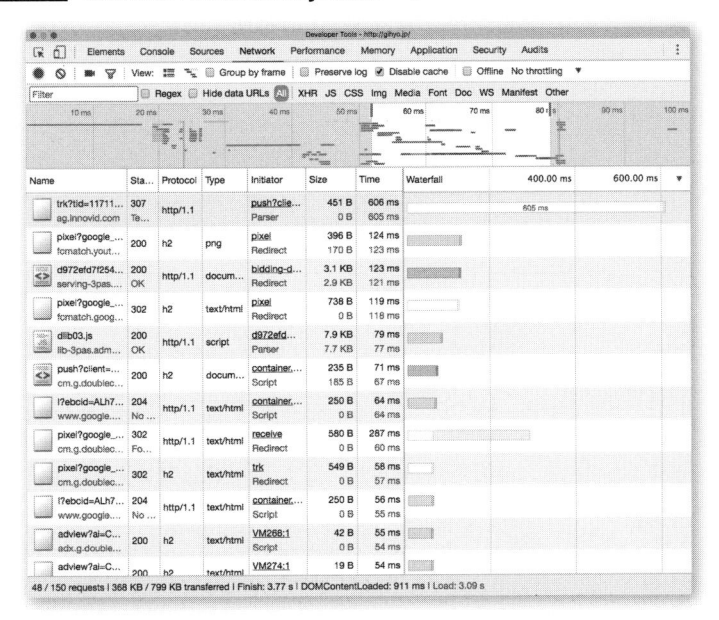

にはブラウザがリソースをダウンロードするためにネットワーク接続を開始するまでの時間も含むため、Waitingの長さだけでソートされるわけではありませんが、調べる目安になります。待機時間はサーバの処理が影響する場合が多いので、XHRなどでフィルタするのもよいでしょう。

改善方法

Waitingの時間を短くするためにフロントエンドでできることはあまり多くありません。サーバ処理を最適化することはもちろんですが、時間のかかっているAPIがあれば処理を軽減できるようにAPIを分割するなどの対応も必要です。

リソースへの事前接続

ブラウザのアイドル状態や遷移前のページなどで事前にリクエストし、ネットワーク接続やレスポンスのダウンロードを済ませておくことで、リソースが必要になったときのリクエストの負荷を減らせます。

XMLHttpRequestによる事前リクエストや、リソースが画像であれば非表示の<img>要素を挿入して事前リクエストを行うなど手段はいくつかありますが、リソースの事前取得を行うブラウザ機能としてResource Hintsという仕様の策定が進んでいます。Resource Hintsについては9.2節で詳しく説明します。

キャッシュによるリクエスト結果の再利用

リクエストの実行結果をWeb StorageやIndexedDBといったブラウザのストレージなどでキャッシュし、サーバへのリクエストそのものを減らすことも有効です。チャットメッセージのやりとりのようにリアルタイム性があったり、毎回違う結果を取得したりする場合は有効ではありませんが、そうでなければキャッシュを検討できるはずです。

変更の少ないCSS、JavaScript、画像のような静的リソースに対しては、ブラウザキャッシュを有効に活用したいところです。ブラウザキャッシュを利用すれば、サーバとのやりとりを減らしてネットワーク処理を効率化できるでしょう。ブラウザにキャッシュ指示を出すには、HTTPレスポン

スヘッダにETagとCache-Controlを適切に設定します。

　ETagはリソースに付与される検証トークンで、ブラウザから同じリクエストが再度発生するとリクエストヘッダに付与されます。サーバはETagを確認し、リソースに変更がなければ304（Not Modified）を返しリソース自体は返さないため、送信コストを節約できます。Cache-Controlにはキャッシュの保存ポリシーを指定します。**表3.2**は頻繁に利用されるCache-Controlの値です。これらを用いて、リソースのブラウザへのキャッシュを有効活用します。また、ブラウザだけでなく、CDNやプロキシサーバでキャッシュの役割を持つサーバも、Cache-Controlを参照して自らの振る舞いを制御します。

　次に示すのは、ファイルの有効期限に関するレスポンスヘッダをnginxの設定ファイルにexpiresディレクティブとして指定する例です。例ではlocationディレクティブでメディア系のファイルを対象に設定しています。expiresディレクティブを有効にすると、Cache-Controlと、ExpiresというCache-Controlよりも以前から普及していて後方互換性を兼ねて同時に指定されることの多いレスポンスヘッダの計2つが配信時に付与されます。

nginxのexpires設定例
```
location ~* \.(?:jpg|jpeg|gif|png|webp|ico|svg|mp4|ogg|ogv|webm)$ { {
  expires 7d; # ファイルのキャッシュ有効期限を7日間として配信
}
```

表3.2　Cache-Controlの値

値	説明
no-cache	対象リソースに変更がないかの確認をサーバで行う。キャッシュが有効な場合にETagも指定されていると、ダウンロードは省略される
no-store	対象リソースのキャッシュを認めず、リクエストのたびにサーバから完全なレスポンスをダウンロードする
max-age	キャッシュの有効期限を「max-age=60」のように秒数で指定する。変更頻度の少ないリソースは長期間で指定する
private	特定のユーザーに対するリソースであり共有のキャッシュが保持してはならないことを示す
public	privateとは反対にどのようなキャッシュでも保持してよいことを示す
immutable	対象リソースが不変であり、未来でも変更されないことを示す。ブラウザにキャッシュされると、サーバへ対象リソースをリクエストしない

　リソースのさらなるキャッシュ手段としてはCache APIがあります。これはリクエストとレスポンスを抽象化したRequestオブジェクトとResponseオブジェクトを扱うため、Service Workerを利用します。Service WorkerとCache APIついては9.1節で詳しく説明します。

▌ CDNからのリソース配信

　レイテンシは通信経路の距離に依存するため、ファイルサイズをいくら小さくしても高速化には限界があります。レイテンシの短縮には、リソースのCDNからの配信が有効です。

　CDNはリソースの配信に特化したしくみで、クライアントとのやりとりにおいて最も効果を発揮するのは、クライアントから物理的距離の近いサーバから配信を行う点です。ほかにもトラフィックの分散や高可用性、効果的なキャッシュといったさまざまな機能を備えており、フロントエンドだけでは難しい最適化を提供してくれます。

3.3
▌ リクエスト数の調査と改善

　今度は、Webページをロードする際に発生しているリクエスト数を確認します。前章でも述べたとおりHTTP/1ではリクエストごとのオーバーヘッドや同時接続数の制約が大きいので、リクエスト数はWebページの速度にとって重要なポイントです。リクエストごとのオーバーヘッドはHTTP/2において軽減されますが、ラウンドトリップタイムがなくなったり通信速度そのものが速くなったりするわけではないので、リクエスト数を減らすことは引き続き求められます。

▌ 調査方法

　Webページで発生したリクエストはDevToolsのNetworkパネルで一覧できます。ここで削減の余地があるリクエストを探していきます。

▌発生したリクエストの総数

　DevToolsのNetworkパネルではWebページで発生したリクエストが一覧表示されます（図3.6）。再度計測したい場合、あるいは何も表示されていない場合は、Networkパネルを開いた状態でページをリロードしてみてください。

　リクエストの一覧表は、JavaScript、CSS、画像といったリソース種別や任意の文字列によるフィルタリングが可能で、どのリソースへのリクエストがどの程度発生しているかを把握できます。一覧表の左下には発生したリクエストの総数が表示されるので、指標の一つとして追うとよいでしょう。

▌リクエストの発生要因

　NetworkパネルのInitiatorカラムには、そのリクエストに起因するリソースが表示されています。ParserはHTMLドキュメントの評価、ScriptはJavaScriptの実行が要因であることを指しています。HTMLからのサブリソースの呼び出しは特定が容易なのに対し、スクリプト処理からのリクエ

図3.6　　**Networkパネルに表示されるリクエスト一覧**

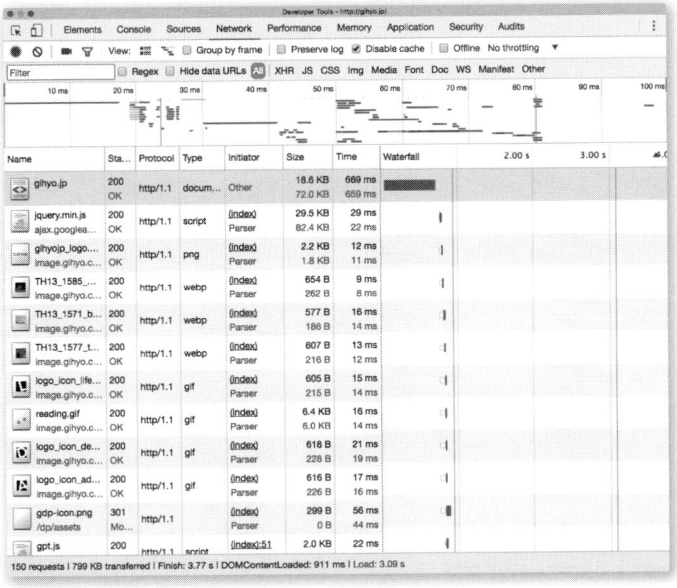

ストは特定しにくいので、この Initiator カラムの情報をヒントに発生要因を探すとよいでしょう。

改善方法

リクエスト数を改善するときは、やはり不必要なリクエストを見つけて減らしていくのが基本的な方針です。加えて、HTTP/1 に限っては、リクエストごとのオーバーヘッドの問題や 1 ドメインに対するブラウザの同時接続数の制限もあってリクエスト数の速度への影響が大きいので、リソースの結合による大胆な削減も有力な手段です。

不必要なリクエストの削除

不必要なリクエストの典型的なパターンとしては、次のようなものが考えられます。

- すべてのページで使っているわけではない CSS や JavaScript ファイル
- すでに使っていないソーシャルプラグイン関連の記述
- スクロールしないと見えない位置に配置された画像ファイル

サーバサイドの HTML テンプレートをページ間で共有している都合で、すべてのページで使っているわけではないファイルが読み込まれてしまうことは珍しくありません。しかし、大規模な Web サイトでそのような状態を放置すると、次から次へと特定のページでしか使われないファイルが追加されてしまいがちです。運用上の制作ルールを抜本的に見なおしてでも、必要なページのみでリクエストされるように改善すべきです。もしも、サイズが大きいファイルを事前にダウンロードしておきたいという意図であれば、9.2 節で紹介する Preload や Resource Hints の Prefetch を利用するとよいでしょう。

Twitter や Facebook などのソーシャルプラグインの関連ファイルをロードする <script> 要素の記述も、すでに使われていないものがテンプレートに残ってしまっていることがあります。多くは async 属性が有効な非同期ロードになっているはずですが、やはり不必要なリクエストであることには変わりないので削除すべきです。

▌ 画像の遅延ロード

　スクロールしないと見えない位置にある画像は、スクロールして実際に表示が必要になるタイミングまでロードが遅延されるようにしておくとよいです。優先度の低い画像のロードを後回しにしておけば、そのぶんのネットワーク帯域がより重要度の高いリソースのダウンロードに使えます。遅延ロードは、あくまでスクロールしないと表示されない画像にだけ指定して、たとえばATFに含まれるような重要度の高い画像には適用しないようにするのがFirst Meaningful Paintを速くするポイントです。

　画像の遅延ロードは、\<img>要素のsrc属性に「読み込み中...」などの説明を含む代替画像を指定しておき、5.1節の「画面内に出入りする要素の管理の効率化」で紹介するような要素位置の判定処理を使って、\<img>要素が画面内に入るタイミングでsrc属性の指定を本来表示したい画像のパスに書き換えるような実装になります。自作してもよいですし、jQueryプラグインや、Angular、Reactなど特定のライブラリに向けた実装も多く提供されているので、「lazy load」というキーワードで使い勝手の良い実装を探してもよいでしょう。

▌ 静的リソースの結合

　CSSやJavaScriptのような静的リソースは配信前に結合してロードすることで、ブラウザからのリクエスト回数を減らせます。前述のとおり基本的にはHTTP/1環境下に限って有効な手法です。

　まず、複数のCSSファイルとJavaScriptファイルをロードしているHTMLを見てみましょう。次のHTMLでは4つのCSSファイルと4つのJavaScriptファイルをロードしているので、8リクエスト発生することになります。

```
外部ファイルを個別にロードするHTML
<!doctype html>
<html>
  <head>
    <link rel="stylesheet" href="normalize.css">
    <link rel="stylesheet" href="header.css">
    <link rel="stylesheet" href="footer.css">
    <link rel="stylesheet" href="app.css">
  </head>
  <body>
```

```
  <script src="lodash.js"></script>
  <script src="moment.js"></script>
  <script src="react.js"></script>
  <script src="app.js"></script>
 </body>
</html>
```

　CSSファイルとJavaScriptファイルをそれぞれまとめて`bundle.css`と`bundle.js`とすると、2リクエストにまで減らせます。

```
結合した外部ファイルをロードするHTML
<!doctype html>
<html>
  <head>
    <link rel="stylesheet" href="bundle.css">
  </head>
  <body>
    <script src="bundle.js"></script>
  </body>
</html>
```

　リソースをすべてまとめるべきかどうかは一概には言えません。すべてを結合してしまうと、ソースコードのごく一部を変更しても、**図3.7❶**のように結合された巨大なリソースを再取得する必要があるからです。結合されていなければ、前述したキャッシュが適切に設定されている限り、図3.7❷のように変更が発生したリソースだけを再取得して、ほかのリソースはキャッシュを利用できます。

　このような事情を踏まえると、過度の結合でキャッシュのヒット率を下げずに、むしろキャッシュを活かすためにも、更新頻度の高いアプリケーションコードを結合したリソースと、更新頻度の低いライブラリコードを結合したリソースを分けて扱うなどの工夫も考えるべきです。また結合することで巨大なCSSやJavaScriptファイルを生み出してしまう恐れもあります。前述したとおり、あまりに大きいファイルはロードの各種処理に時間がかかってしまい、そのぶんページロードの速度に影響を与えてしまう可能性があります。

　やみくもに結合してリクエストを減らすのではなく、普段からリソースを整理して不要なリクエストを減らすことが重要です。また、保守性の維持のために保存するリソースは分割し、ビルドフローなどによって自動で

結合を実施するように心がけたいところです。

▌ SVGスプライトとCSSスプライト

SVGスプライトとCSSスプライトはいずれも、複数のリソースを1つに結合してダウンロードさせ、呼び出し時には個別のリソースとして扱うことで、リクエストを減らすテクニックです。これもリソース結合の一種なので、前述のとおり基本的にはHTTP/1環境下に限って有効な手法です。SVGスプライトは、<symbol>要素で定義された複数の図形を1つのファイルの<svg>要素内にまとめて、定義済みの図形を呼び出せる<use>要素で個々に参照します。CSSスプライトは、複数の画像を結合した1枚の画像の中から、background系のプロパティで必要な範囲だけを参照することで、1つの画像ファイルをあたかも複数の画像のように扱います。

次の例は、SVGスプライトの簡単なサンプルコードです。sprites.svgに<symbol>要素で図形を定義し、HTMLから<use>要素で呼び出しをしています。HTMLから呼び出すときは外部SVGファイルのパスと図形のidを

図3.7　リソースに更新があった際の結合時と非結合時の比較

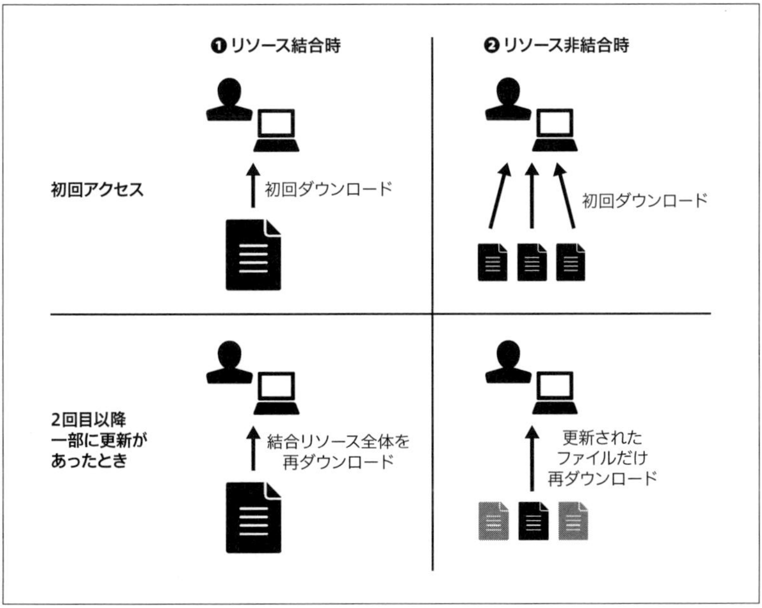

xlink:href属性に指定しています。

```
<symbol>要素によるSVGの定義例（sprites.svg）
<svg xmlns="http://www.w3.org/2000/svg">
  <symbol id="orange" viewBox="...">
    <!-- SVGによる図形の定義1 -->
  </symbol>
  <symbol id="apple" viewBox="...">
    <!-- SVGによる図形の定義2 -->
  </symbol>
  <symbol id="strawberry" viewBox="...">
    <!-- SVGによる図形の定義3 -->
  </symbol>
</svg>
```

```
<use>によるSVGの呼び出し例
<svg>
  <use xlink:href="/sprites.svg#orange" />
</svg>
<svg>
  <use xlink:href="/sprites.svg#apple" />
</svg>
<svg>
  <use xlink:href="/sprites.svg#strawberry" />
</svg>
```

　次の例は、CSSスプライトの簡単なサンプルコードです。icon-sprites-image.pngは、オレンジとアップルとストロベリーの3つの正方形の画像が3つ結合された幅100ピクセル高さ300ピクセルの画像だと仮定します。もとは100ピクセル四方の正方形の画像ですが、高ピクセル密度の対応として50ピクセル四方として扱っています。

```
CSSスプライトのコード例
.sprites-icon {
  width: 50px;
  height: 50px;
  background-image: url(/icon-sprites-image.png);
  background-size: 50px 150px;
}

.sprites-icon.orange {
  background-position: 0 0;
}
```

```
.sprites-icon.apple {
  background-position: 0 -50px;
}

.sprites-icon.strawberry {
  background-position: 0 -100px;
}
```

　SVGや画像が増えるたびに手動で結合しなおしたりCSSを更新したりするのは、運用の手間が大きくなるのでツールを使って自動化することが望ましいです。SVGスプライトにはgulp-svgstore[注2]やgrunt-svgstore[注3]があるのでチェックしてみましょう。CSSスプライトにはspritesmith[注4]があり、それぞれgulpやGrunt[注5]のプラグインを使うとよいでしょう。利用方法はそれぞれのマニュアルを参照してください。

　ただし、結合したリソースのファイルサイズがあまりに大きい場合、結合されたリソースをすべてダウンロードするまで画像が表示されず、ユーザー体験が悪化します。次項で紹介するHTTP/2の事情も踏まえると、このテクニックは、TCPのウィンドウサイズ[注6]に対して小さすぎるような数十バイトから数KB程度のファイルをまとめる用途にとどめるほうがよいでしょう。

▎HTTP/1以前のアプローチとHTTP/2

　HTTP/2では、通信の多重化や並行リクエストによってリクエストごとのオーバーヘッドが軽減されるので、ネットワーク処理の最適化としてリソースを結合してから配信する意義は小さくなります。

　リソースを結合していると全体がダウンロードされるまで評価できませんが、分割されていればブラウザはダウンロードできたリソースから順次評価して、レンダリング処理を進められます。また、結合の手間が省かれるだけでなく、分割しておくことによってリソース個々のキャッシュが効果的にな

注2　https://github.com/w0rm/gulp-svgstore
注3　https://github.com/FWeinb/grunt-svgstore
注4　https://github.com/Ensighten/spritesmith
注5　http://gruntjs.com/
注6　一度のラウンドトリップでやりとりできるデータの大きさです。

るなどのメリットもあります。HTTP/2においては、リソースを分割したま
ま配信するほうが通信の多重化や並行リクエストの恩恵を得やすいでしょう。

　しかし、WebアプリケーションにおけるJavaScriptのようにリソースの依存
ツリーが巨大な場合は、分割されていると順に依存関係をたどりながらダウン
ロードすることになるため、HTTP/2の並列性を活かせない恐れもあります。
そのような場合は、適度な粒度である程度結合するほうが結果的にリクエスト
の効率が良くなる可能性もあることに注意してください。HTTP/2は並列性が
高いからといって安易に分割しておけばよいと考えるのではなく、計測と調査
を前提に最善の方法を探らなければならないことには変わりありません。

3.4
クリティカルレンダリングパスの調査と改善

　ページの表示を早めるためには、クリティカルレンダリングパスの最適
化が欠かせません。DevToolsのNetworkパネルを駆使して、レンダーツリー
ーの構築状態を俯瞰していきます。

調査方法

　レンダーツリーを構成するDOMツリーとCSSOMツリーの準備はそれ
ぞれ、ブラウザのDOMContentLoadedイベントおよびNavigation Timing API
で把握できます。これを左右する要因と合わせて、順に見ていきます。

CSSとCSSOM

　DOMContentLoadedイベントは、ブラウザによるHTMLドキュメントのロー
ド完了を示し、その他サブリソースのロードは保証しません。しかし<script>
要素がある場合はスクリプト処理でCSSOMにアクセスする可能性があるた
め、ブラウザはスクリプト処理を実行する前にCSSのロード完了を待ちます。

　いずれの場合も、ブラウザはDOMツリーとCSSOMツリーの準備が完了し
た時点でレンダーツリーの構築を開始します。しかし、昨今のWebページの
大半は<script>要素を使っているので、すべてCSSのロード完了後に

DOMContentLoadedイベントが発生するケースがほとんどです。その場合は
DOMContentLoadedイベントのタイミングでDOMツリーとCSSOMツリー
の準備が完了しています。

　DevToolsのNetworkパネルを開いて、CSSファイルのリクエストを見て
いきましょう。全リソースの取得状況が表示されるOverviewを有効にする
と、DOMContentLoadedイベントを表す青い線を確認できます（**図3.8❷**）。
CSSでフィルタするとCSSファイルのリクエストのみに絞り込めるので、
CSSファイルのダウンロードによってDOMContentLoadedイベントの発生が
遅延しているかをチェックします（図3.8❶）。

▌スクリプト処理によるブロッキング

　HTMLドキュメント中の<script>要素は、JavaScriptファイルをダウン
ロードしその内容の評価を行います。スクリプト処理が実行されている間、
DOMツリーの構築はブロックされるため、レンダーツリー完成の遅延に
影響します。また、<link rel="stylesheet">や<style>要素によるCSSの

図3.8　CSSファイルの読み込みとDOMContentLoadedイベント

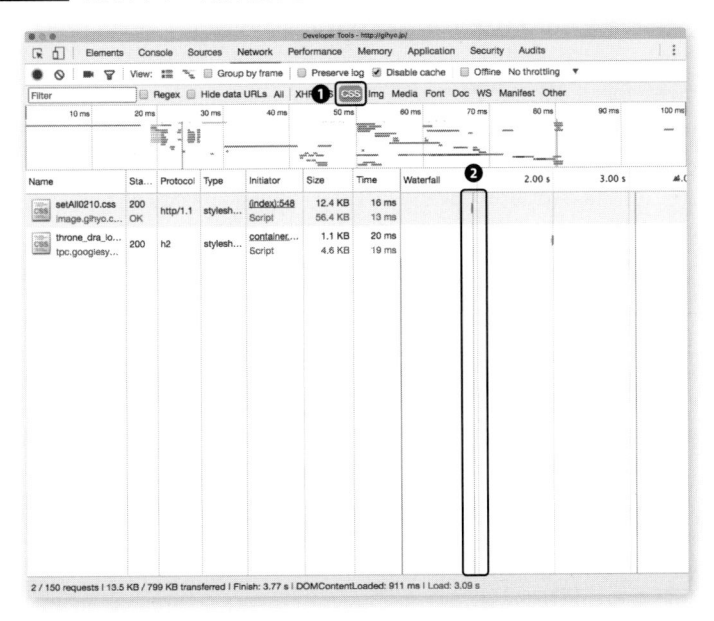

ロードが発生している場合、スクリプトによるCSSOMへのアクセスを保証するために、<script>要素はCSSOMツリーの構築完了を待ちます。

このように<script>要素はDOMとCSSOMとの間に強い依存関係を生み、レンダリングパス上のボトルネックになります。そのためCSSと同様に、DevToolsのNetworkパネルでJavaScriptファイルのリクエストを見ていきます。ファイルのダウンロード後からDOMContentLoadedイベントまでに時間を要している場合は、スクリプトの実行によって遅延を招いている可能性があります。

スタイリングされずに表示されるコンテンツ

一部のCSSを非同期でロードするなどしてCSSOMツリーが段階的に準備されると、ブラウザは完成しているレンダーツリーからレンダリングし始めるため、スタイルが適用されていないコンテンツが表示される場合があります。この事象をFOUC (*Flash of Unstyled Content*) と言います。

Webフォントのロードを伴うような重いCSSファイルは、それだけでレンダリングパスのボトルネックです。そういった場合、ATFを構成するCSSだけ抜き出したり、Webフォントのロードを含む重い部分だけ別ファイル化して非同期でロードしたりすることで、レンダリングパスの構築を早める手法があります。こうした場合にFOUCが起こり得ます。

```
link要素の動的生成によるCSSの非同期ロード
const link = document.createElement('link');
link.rel = 'stylesheet';
link.href = 'heavy.css';
document.head.appendChild(link);
```

スクリプト処理だけでなく、<body>要素配下で<link rel="stylesheet">要素を記述することでも、非同期でCSSがロードされます。<link rel="stylesheet">要素は<body>要素に書くこともHTMLの仕様で許可されていますが、振る舞いは現時点でブラウザによってバラつきがあります。ChromeやSafari、Edgeは<link rel="stylesheet">要素を見つけるとCSSのロードが完了するまでレンダリングをやめますが、ChromeとEdgeはその<link>要素以前のコンテンツのレンダリングはやめません。FirefoxはレンダリングをやめずにCSSがロードされたタイミングで逐次スタイルを更新するため、FOUCが起こります。

　DevTools の Network パネルを開いて CSS でフィルタリングし、ページでロードされた CSS ファイルを見てみましょう。**図3.9** では❶で DOMContent Loaded イベントが発生していますが、図3.9❷のように DOMContentLoaded イベントより後に CSS ファイルがロードされていることで、**図3.10**❶のように FOUC が起こっています。このように DOMContentLoaded イベントの発生後にロードされている CSS ファイルがあれば、レンダーツリーの完了後にロードされていることになり、FOUCの発生要因となります。

▌外部スクリプトによる影響

　Google Analytics や Twitter Embed など、プラットフォームが提供しているスクリプトも多くのページでロードされています。こうしたアプリケーションに直接関与しないサードパーティのスクリプトも、スクリプト処理としてレンダーツリーの構築に影響します。

　DevTools の Network パネルを開いて JavaScript でフィルタリングし、ページでロードされた JavaScript ファイルを見てみましょう。**図3.11** では❷

図3.9　**DOMContentLoadedイベント発生後にロードされているCSSファイル**

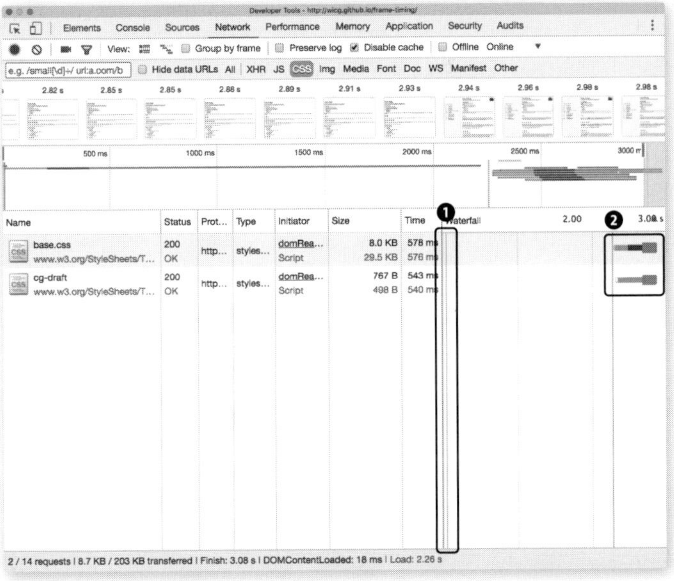

図3.10　CSSファイルのロード遅延によるFOUC

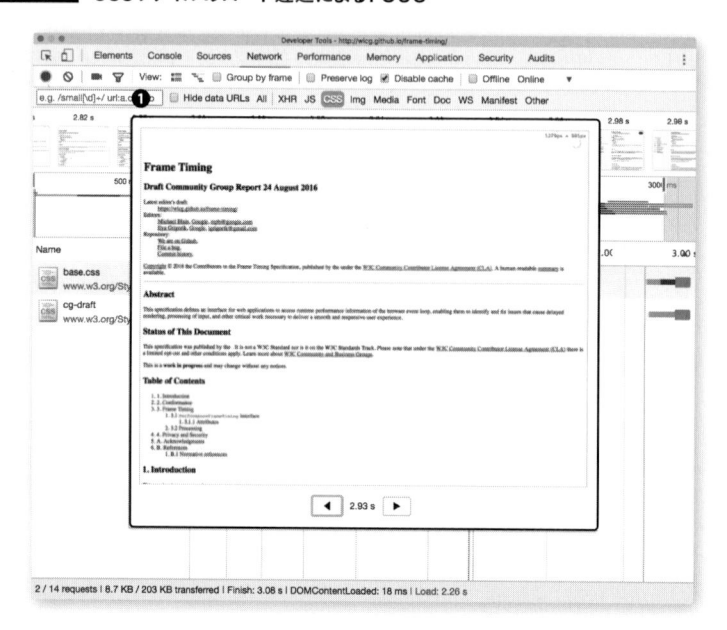

図3.11　DOMContentLoadedイベント発生以前に実行されるスクリプト処理

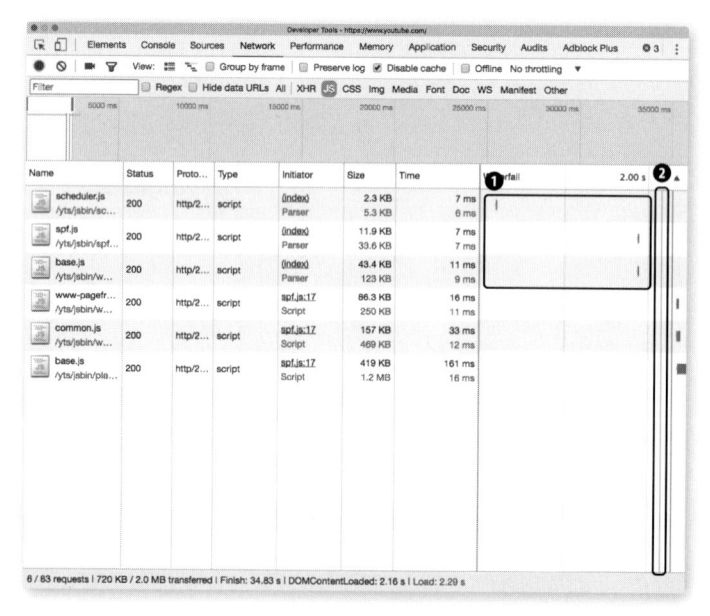

で`DOMContentLoaded`イベントが発生していますが、図3.11❶から`DOMContentLoaded`イベントより前にJavaScriptファイルをロードしています。このように、`DOMContentLoaded`イベントの発生前にロードされているJavaScriptファイルがあれば、HTMLドキュメントを評価する中でDOMツリーの構築をブロックしてロードしている可能性が高いものです。スクリプトファイルの中に、アプリケーションの動作に関係ない、あるいは遅延してロードしても実行上影響ないものがあれば対策の余地があります。

▌改善方法

ここまで述べてきたように、レンダーツリーに必要なDOMツリーとCSSOMツリーの構築を促すことが、クリティカルレンダリングパスの最適化につながります。多くの場合、HTMLドキュメントの記述を変えるだけで改善を期待できます。

▌サーバプログラムの最適化

ページロードのタイミングでサーバから最初に返却されるHTMLドキュメントは、すべての処理の起点です。

ブラウザがレスポンスを受け取り始めるまでの待ち時間は、サーバのプログラム処理に費やされます。動的にHTMLを生成している場合は、プログラム内のデータベースへのアクセスやビジネスロジックによって処理が行われているでしょう。まずはこうしたサーバプログラムの最適化を実施する必要があります。

サーバから送信するHTMLが完成したあとは、前述した最小化や圧縮を実施するとよいでしょう。

▌サブリソースのロードの最適化

サブリソースのリクエストはHTMLドキュメントの記述に依存するので、これを最適化することでクリティカルレンダリングパスを効率化できます。

レンダーツリーの構築に必要なCSSは最も優先してダウンロードしなくてはなりません。また、CSSを含めたサブリソース全般のロードを阻害する可能性のあるJavaScriptのロードは、遅らせるべきです。これらを踏ま

えると、次のようなHTMLになるでしょう。

```
CSSとJavaScriptを適切なタイミングでロードするHTML
<!doctype html>
<html>
  <head>
    <title>Optimized critical rendering path</title>
    <link rel="stylesheet" href="app.css">
    ...
  </head>
  <body>
    ...
    <script src="app.js"></script>
  </body>
</html>
```

　DOMツリーの構築完了、つまり`DOMContentLoaded`イベントを待機しないスクリプト処理でも、ネットワーク処理を考慮すれば早い段階でロードすべきではありません。計測スクリプトのように優先して実行する必要がある場合は、次項で紹介する非同期実行を検討してください。

　ロードするCSSファイルが極端に重い場合は、ATFを構成するCSSのみ`<link rel="stylesheet">`要素でロードし、そのほかを遅延ロードすることでレンダリングの開始を早めるのも一つの選択肢です。

■ コンテンツに影響しないスクリプトの非同期実行

　メインコンテンツの表示など重要な処理には影響しない、または影響はあるが処理の優先度が低いスクリプト処理は、非同期ロードか遅延ロードでレンダーツリーの構築から外すことができます。

　非同期や遅延で読み込む方法はいくつかありますが、最も簡単で適した方法は`<script>`要素に`async`や`defer`属性を付与することです。

　`async`や`defer`属性が付与された`<script>`要素のダウンロードは非同期で行われ、DOMツリーの構築処理をブロックしません。`<script async>`はダウンロードが完了するとスクリプト処理まで行うため、少なからずメインスレッドを専有します。それに対し`<script defer>`は、スクリプト処理の実行をDOMツリーの構築完了まで遅延します（**図3.12**）。

```
async属性によってブロックしないscript要素
<script async src="script-to-load-async.js"></script>
```

defer属性によって遅延実行されるscript要素

```
<script defer src="script-to-load-defer.js"></script>
```

　対象のスクリプト要素の優先度にもよりますが、レンダーツリーの構築を促しページのレンダリングを早めるには、スクリプトの実行をDOMツリーの構築完了まで遅延するdefer属性のほうがより効果的な場合もあるでしょう。

　非同期でロードする方法としては、次のようにJavaScriptで<script>要素を生成し、HTMLに挿入する方法もあります。サードパーティのコードスニペットによく見られるパターンです。

script要素の動的生成によるJavaScriptの非同期ロード

```
const script = document.createElement('script');
script.src = 'script-to-load-async.js';
document.head.appendChild(script);
```

　こちらの方法も期待する動作をしますが、<script async>のほうがより良い理由に、ブラウザのプリロードスキャンという機能があります。これは、ドキュメント解析がスクリプト処理によってブロックされたときにレンダーツリーに関わるリソースをHTMLから探して先にダウンロードを始

図3.12　**script要素のasync属性とdefer属性**

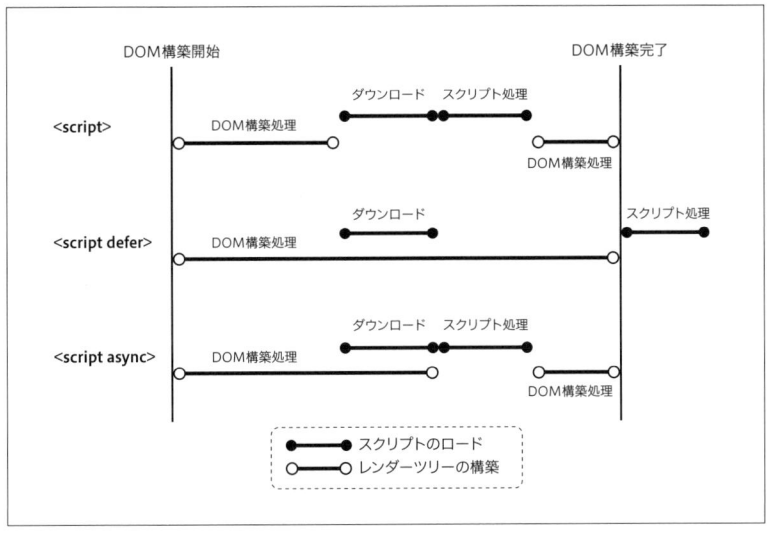

める機能で、ほとんどのブラウザに実装されています。JavaScriptで挿入された <script> 要素はプリロードスキャンの対象になりませんが、<script async> で宣言的に記述しておくことで対象にできます。

スクリプト処理の非同期化については7.1節で詳しく説明しているので、そちらも参考にしてください。

3.5
Webフォントに関わるリソースの調査と改善

Webフォントはその汎用性の高さから、今日では多くのWebサイトで使われています。しかし、ロードの方法によってはフォントを適用しているテキストの表示が遅れたり、フォントの切り替わりによるチラつきを招くなどの、表示上の課題も抱えています。

調査方法

Webフォントを利用する場合、そのフォントが適用されているテキストの表示は、Webフォントのロード状況と利用しているブラウザの実装に依存します。

Webフォントのファイルサイズ

WebページでWebフォントが利用されているかどうかは、DevToolsのNetworkパネルに表示されるリクエストの一覧をFontでフィルタするとわかります。フォントファイルは重ければ重いほどレンダリングに影響します。

また、ファイルサイズの大きさだけでなく、リクエストが発生しているタイミングにも注意しましょう。Webフォントのリクエストは、DOMツリーとCSSOMツリーの準備が整いレンダーツリーをもとにレンダリングが開始されるタイミングで、CSSにてフォントが指定されている場合に行われます。そのため、そのほかのサブリソースに比べてリクエストの発生が遅れがちで、フォントファイル自体のファイルサイズが大きいという事情も合わさってテキストのレンダリングが妨げられます。当然、Webフォ

ントの利用対象となるテキストが広範であるほど致命的になります。

フォントの切り替えによるチラつき

Webフォントが適用されたテキストのレンダリングを行う過程は、ブラウザによって異なります。Chrome、Firefox、Safari、Edgeは、ダウンロードが完了するまでレンダリングを保留し、完了したタイミングでレンダリングします。Internet Explorerは、ダウンロード完了まで即座に代替フォントでレンダリングし、ダウンロードが完了したらそのフォントで再レンダリングします。このフォントを適用するタイミングで再レンダリングが発生することをFOUT (*Flash of Unstyled Text*) と呼びます。

FOUTについては賛否両論あり、チラつきが気になる人もいれば、代替フォントで早く表示されているべきという意見もあります。いずれにせよ、フォントのロード処理の最適化によって最小化するべき要素であることには変わりません。Webページにおいて FOUT が発生していないかどうかもチェックしてみてください。

改善方法

フォントファイルそのものの最適化はもちろんのこと、Font Loading API や font-display ディスクリプタ[注7] などの Web フォントに関する新たな機能を利用し、表示を改善していきます。

フォントファイルへのキャッシュ適用

フォントファイルは頻繁に更新されないはずですので、ブラウザキャッシュや Cache API を十分に活用し、ページロード時のダウンロードを抑えるべきです。

ブラウザキャッシュを利用するには、ほかのサブリソースと同様に HTTP レスポンスのうち ETag と Cache-Control を用いて、ブラウザに保存される期間を長期化してください。たとえば人気ライブラリを多くホストしている CDN、cdnjs.com で配信されているリソースの Cache-Control には、

注7　@font-faceなどの@で始まるCSSステートメントに適用する記述子を指します。

public, max-age=30672000 という値が指定されており、およそ1年間のブラウザキャッシュ化が明示されています。

　前述したように、Cache API については9.1節で詳しく説明します。

▌ フォントファイルの圧縮と適切なロード

　フォントファイルの形式はさまざまで、ブラウザの対応状況もまちまちです。ブラウザにロードさせるフォントファイルをなるべく小さくするために、フォントファイルの圧縮とロードの指定を見なおしてください。

　普及しているフォントファイル形式には、TTF（*True Type Font*）、OTF（*Open type Font*）、WOFF（*Web Open Font Format*）、WOFF2 などがあります。WOFF はその名のとおり Web での利用を目的としたフォント形式で、内包するフォントデータは圧縮され、多くのブラウザがサポートしています。WOFF2 は WOFF の圧縮アルゴリズムが強化された形式で、Internet Explorer、Android Browser 以外のブラウザがサポートしています。サポートされていないブラウザとの一貫した表示を実現するためには、古いブラウザでも対応している WOFF と併せて用意し、次のように CSS で指定する必要があるでしょう。

```
CSSによるフォント定義
@font-face {
  font-family: 'Font Name';
  font-style: normal;
  font-weight: 400;
  src:
    local('Font Name'),
    url('/fonts/font-name.woff2') format('woff2'),
    url('/fonts/font-name.woff') format('woff'),
    url('/fonts/font-name.ttf') format('ttf'),
    url('/fonts/font-name.otf') format('otf');
}
```

　@font-face による Web フォントの宣言のうち、src ディスクリプタの値の指定順序は重要です。ブラウザは、src で指定された順に、対応しているフォントのロードを試みます。そのため、デバイスにインストールされているフォントを探してから、圧縮率の高い順にフォントファイルを指定しています。また、これらのフォントファイルのうち TTF と OTF を配信す

る場合は、そのままだと圧縮されないため、前述のテキストリソースの配信時の圧縮を参考に、gzip を適用してください。

▌フォントファイルのサブセット化

　フォントファイルを、ボールドやイタリックといったスタイルごとや、Unicode のコードポイントで分割することで、ブラウザが必要なフォントファイルのみをロードすることを補助します。Google Fonts[注8] で配信されているフォントは、各言語、フォントウェイトごとにサブセット化されています。次のコードは、Roboto の Normal をロードする Google Fonts のスニペットコードを抜粋したものです。

```
フォントの分割定義
/* cyrillic */
@font-face {
  font-family: 'Roboto';
  font-style: normal;
  font-weight: 400;
  src:
    local('Roboto'),
    local('Roboto-Regular'),
    url(https://fonts.gstatic.com/s/roboto/v15/...woff2) format('woff2');
  unicode-range: U+0400-045F, U+0490-0491, U+04B0-04B1, U+2116;
}

/* greek */
@font-face {
  font-family: 'Roboto';
  font-style: normal;
  font-weight: 400;
  src:
    local('Roboto'),
    local('Roboto-Regular'),
    url(https://fonts.gstatic.com/s/roboto/v15/...woff2) format('woff2');
  unicode-range: U+0370-03FF;
}
```

　このように、フォントファイルを分割し、@font-face による定義を分けることで、ブラウザはページの表示に必要なフォントを優先します。unicode-

---

注8　https://www.google.com/fonts

rangeプロパティでは当該の@font-faceが担うUnicodeのコードポイント
を定義します。日本語のようにグリフ[注9]数が多い場合はデータ量が一気に
膨らむため、サブセット化は特に重要です。

Font Loading APIによるWebフォントのロード

CSSの@font-faceによるフォントの定義は宣言的で、フォントファイル
のロードはブラウザに委ねられますが、Font Loading API[注10]を使うと、
JavaScriptのインタフェースから命令的にロードできます。

```
Font Loading APIを使ったフォントのロード
const font = new FontFace('Font Name', 'url(/font-name.woff2)', {
  style        : 'normal',
  unicodeRange : 'U+000-5FF',
  weight       : '400'
});

font.load().then(loadedFont => { …❶
  // ロードしたフォントを定義に追加する
  document.fonts.add(loadedFont);

  // 利用可能になったタイミングでフォントを適用する
  document.body.style.fontFamily = 'Font Name'; …❷

  // FOUTを避けるために非表示にしておいたコンテンツを表示する
  document.body.style.visibility = 'visible'; …❸
});
```

ページに必要なフォントが決定している場合など、レンダーツリーの完
成を待たずにフォントのリクエストを実行したいときに有効です。load()
メソッドが返すPromiseによってフォントのダウンロードが終わったタイ
ミングも取得できます(❶)。上記の例ではフォントが利用可能になったタ
イミングで適用し(❷)、そのあと隠しておいたコンテンツを表示させるこ
とでチラつきを抑えています(❸)。9.2節で紹介するPreloadでもWebフォ
ントのダウンロードを促せますが、振る舞いをこのように細かく制御する
にはFont Loading APIが適しています。

注9　フォントにおける一つ一つの文字が表現する図形のことです。
注10　https://www.w3.org/TR/css-font-loading-3/

　現在、Font Loading APIはEdge、Internet Explorer、Android Browser以外のブラウザがサポートしています。プログレッシブエンハンスメント[注11]として利用するのもよいですが、webfontloader[注12]やFontLoader Polyfill[注13]といったPolyfill[注14]を利用するのもよいでしょう。

▌ font-displayディスクリプタによる表示ロジックの指定

　フォントのロードとテキストに対しての適用はブラウザによってまちまちであることは前述しました。この振る舞いをCSSからコントロールできるように、font-display[注15]というディスクリプタの策定も進められています。

　次のコードは、@font-faceの定義中に、font-display: fallbackという指定をしている例です。font-displayは@font-face専用のディスクリプタで、その値によってフォントが適用されているテキストをどのようにレンダリングするかを制御します。font-displayディスクリプタに指定できる値は**表3.3**のとおりです。

注11　提供するコンテンツ自体は同じですが、新しい仕様や機能をサポートする環境ではより優れた体験を提供するという考え方のことです。
注12　https://github.com/typekit/webfontloader
注13　https://github.com/bramstein/fontloader
注14　仕様で策定されているAPIをサポートしていない実行環境に対して、そのAPIを使用可能にするための互換実装を提供するプログラムのことです。
注15　https://drafts.csswg.org/css-fonts-4/

表3.3　font-displayディスクリプタの値

値	ブラウザの振る舞い
auto	ブラウザの実装に委ねる
block	フォントのロードを最大3秒間待機し、ロードが完了ししだいフォントを切り替える。3秒間経ってもロードが完了しない場合、代替フォントで表示する
swap	フォントがロードされるまで代替フォントで表示し、ロードが完了ししだいフォントを切り替える
fallback	フォントのロードを最大100ミリ秒間待機し、その間にフォントのロードが完了しなければ代替フォントで表示する。ロード開始から3秒間でロードが完了すればフォントを切り替えるが、完了しない場合はそのまま代替フォントで表示する
optional	フォントのロードを最大100ミリ秒間待機し、その間にフォントのロードが完了しなければ代替フォントで表示する

```
font-displayディスクリプタによる振る舞いの定義
@font-face {
  font-family: 'Font Name';
  font-display: fallback;
  src:
    url('/fonts/font-name.woff2') format('woff2'),
    url('/fonts/font-name.woff') format('woff');
}
```

font-displayは実験的なディスクリプタであり、ブラウザの対応は Chromeがサポートしているのみですが、プログレッシブエンハンスメントとしてのFOUTを制御するには有効な手段と言えるでしょう。

3.6

まとめ

ネットワーク処理はユーザーのWeb体験を左右し、印象付ける重要なものです。Webページのロード性能のチューニングにおいても最も基本的な要素ですので、計測と改善を定常的に実施していきましょう。

第 4 章

レンダリング処理の基礎知識

　レンダリング処理は、ブラウザがWebページを解釈してディスプレイにグラフィックとして表示する部分を指します。これはユーザーがWebページを使用するとき常に発生している重要な処理です。

　本章では、レンダリング処理の改善に必要な前提知識や、レンダリングに関する各種の仕様、DevToolsを利用したレンダリング時のブラウザ内アクティビティの調査方法について解説していきます。

4.1
スムーズなUIとスムーズでないUIの違い

　スムーズなUIとスムーズでないUIの違いは、みなさんの普段の経験から思い当たることもあるでしょう。たとえばスムーズでないUIに遭遇すると、動きが鈍い、アニメーションがカクカクする、ガタガタするといったことを感じるかと思います。このような体感も重要ですが、Webフロントエンド開発者としては、何がUIのスムーズさを支えているのか、あるいは阻害してしまうのかについて、より具体的な知識が必要です。

　UIがスムーズに動くかどうかは、スペックの面で不利なスマートフォンなどのモバイルWebで顕著です。また、PCにおいてもリッチ化が進んだWebサイトやWebアプリケーションでは、何らかの改善が必要になるケースも珍しくありません。

　WebサイトのUIがスムーズである主な条件は、「動きが滑らかであること」と「応答が速やかであること」の2点です。それぞれの具体的な内容について説明します。

▌ 動きの滑らかさ —— 1フレームあたり10ミリ秒以内

　スクロール操作やアニメーションが実行されたときに、ブラウザの中では表示内容を更新するためにレンダリング処理が発生します。スクロール操作は、PC、モバイルを問わず頻繁に発生します。アニメーションも、UIの応答を表現するためのCSSアニメーションなど、最近のWebページでは随所で使われるようになっています。これらすべての動きが滑らかである

ことがスムーズな UI の基本です。

　動きの滑らかさは 1.4 節で紹介した RAIL モデルにおける Animation に該当し、1 フレームあたりの処理は 10 ミリ秒以内に収めることが理想です。アニメーションとは言いますが、画面のレンダリング処理すべてに共通します。レンダリング処理によって画面がどれだけ滑らかに動いているかは、FPS (*Frames Per Second*) という単位で測ることができます。FPS とレンダリング処理の関係は、次節で詳しく説明します。

▍UIの応答速度 —— 100ミリ秒以内

　アクションに対する UI による応答の典型例としては、マウスカーソルを \<a\> 要素の上に持っていくと、:hover 疑似クラスによってテキストに下線が付いたり色が変化したりするといったエフェクトが挙げられます。ほかにも、ボタンをクリックしたら押下したような見た目に変化したり、通信処理などでユーザーを待たせるときはインジケータを表示したりなど、ユーザーが自身の操作の連続性を見失わないよう UI がすばやく何らかの応答を示すことが重要です。

　UI の応答速度は RAIL モデルにおける Response に該当し、ユーザーアクションが発生してから 100 ミリ秒以内に応答を返すことが理想です。UI の応答速度については、ビジュアル的によほどリッチな表現をしなければレンダリング処理自体がボトルネックになることはあまりありません。しかし、UI の応答として多量のレンダリング処理を必要とする表現をしたり、パララックススクロール[注1] のように scroll、touchmove、mouseover などの高頻度で発生するイベントをトリガとした処理をしたりすると、応答速度どころか画面全体のレンダリング処理を阻害してしまう可能性はあります。

注1　スクロールに合わせて画面内のグラフィック要素を異なる速度で移動させて、視差効果により遠近感や奥行きを生み出すテクニックです。

4.2

レンダリング処理の基本

　レンダリング処理の基本としては、FPSという基準、Webのアニメーション仕様やGPUアクセラレーション、高負荷になりやすい処理を理解していくとよいでしょう。これらの知識を総合的に活かしながら、実際のレンダリング処理を改善していきます。

FPSという基準

　レンダリング処理がスムーズに行われているかどうかを判断するには、一般的にFPSを基準とします。FPSによって、Webページをスクロールしているときや、何らかのアニメーションが動作しているときのレンダリング処理の負荷がわかります。

　FPSとは、画面が1秒間に何回更新されるかの単位です。FPSは動画、映像処理など全般で使われている単位で、たとえば我々が普段見ている日本のテレビはおよそ30FPS、映画やアニメは24FPSで作られています。

　Webでは、60FPSを目標として考えましょう。これは、一般的なディスプレイのリフレッシュレート[注2]が60Hzだからです。ハードウェアの性能以上に表示されるFPSが高まることはないので、60FPSが一般的な限界値と言えます。

　60FPSという数字を実現するのは、容易ではありません。60FPSを実現するには、1回のフレーム更新にかけられる時間は「1,000ミリ秒／60フレーム＝16.666...ミリ秒」であり、およそ16.7ミリ秒です。よって、RAILモデルにおけるAnimationでも16.7ミリ秒に対してさらに余裕を持たせて、1フレームが10ミリ秒以内であることを理想としています。

1フレームの中の処理の内訳

　1フレーム中の処理にはさまざまなものがあります。レンダリング処理に関わるところとしては、スクリプト処理やスタイル評価、レイアウト算

注2　ディスプレイが1秒間に何回画面を更新できるかの性能を示す単位です。

出、ペイント処理などが含まれます。ほかにも、画像リソースのデコードやレンダリングパスのラスタライズ、メモリ管理に関する処理など、その他ブラウザ内部のありとあらゆる処理が含まれます（**図4.1**）。

　これらの処理のほとんどがブラウザのメインスレッド上で実行されるため、レンダリング処理に時間がかかったり、レンダリング以外の競合する処理が多かったりすると、1フレームごとの処理時間が16.7ミリ秒を超えてしまい60FPSを満たせなくなってしまいます。レンダリングには直接関係なさそうな処理であっても、メインスレッド上の競合によってレンダリング処理を阻害してしまうことがあるのが難しい点です。処理によってはメインスレッド外で実行することでFPSの低下を回避しているケースもありますが、ブラウザおよびレンダリングエンジンによって実装上のデザインが異なるため一概には言えません。あらゆる環境で常に60FPSを維持することは難しいでしょう。

　メインスレッドに処理が集中することによるFPSの低下は、ブラウザ開発者にとっても解決すべきテーマの一つであるため、今後ブラウザ側の実装によって効率化されていく部分もあるでしょう。たとえばMozillaのQuantum[注3]というプロジェクトでは、Firefoxのレンダリングエンジンである Gecko の内部処理の並列化を進め、マルチコアCPUとGPUの性能を引き出すことでブラウザの動作を高速化しようとしています[注4]。同じくMozillaが開発するServoは、実験的ではありますが初期設計からあらゆる処理の並列化が指向された高速なレンダリングエンジンで、前述のQuantum

---

注3　https://wiki.mozilla.org/Quantum

注4　Mozilla によるブログ記事「A Quantum Leap for the Web ── Mozilla Tech ── Medium」（https://medium.com/mozilla-tech/a-quantum-leap-for-the-web-a3b7174b3c12）

図4.1　　**1フレーム内に入る可能性があるさまざまな処理**

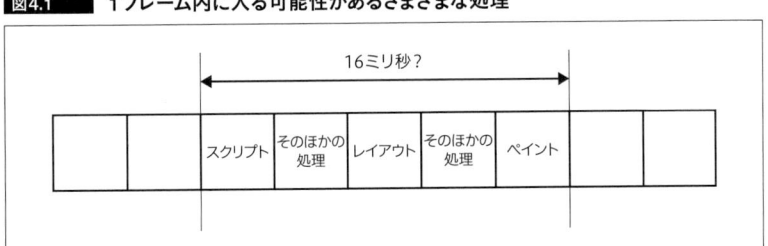

にもその成果が活かされることになっています。

常に変化するFPS

　Webページが表示される中でさまざまな処理が行われますが、その処理は一定ではなく、それに伴い1フレームあたりの時間も常に変化します。先に述べたとおり実際のところ60FPSを完全に維持することは難しく、レンダリング処理がスムーズな状態であっても、FPSは常に細かく変化しています。細かく変化して60FPSが完全に維持されていなくても、FPSがおおよそ高い水準で安定していれば問題ありません。

FPSの極端な低下の回避

　問題があるのは、フレーム内に負荷の高い処理が含まれていてFPSの安定を妨げる場合です。負荷の高い処理がブラウザのスレッドを占有するとレンダリング処理が遅れ、その瞬間のFPSは極端に低下してしまうからです。体感への影響として、FPSが低下した瞬間にスクロールの動きに引っかかりを覚えたり、アニメーションがカクついて見えたりします。

　このようなFPSが極端に落ちる状態を回避し安定させると、レンダリング処理が体感的にもスムーズになります（**図4.2**）。1フレーム内の処理量が過剰にならないように注意して負荷の高い処理を取り除くことが、レンダリング処理の最適化につながります。

図4.2　　安定したFPSと不安定なFPS

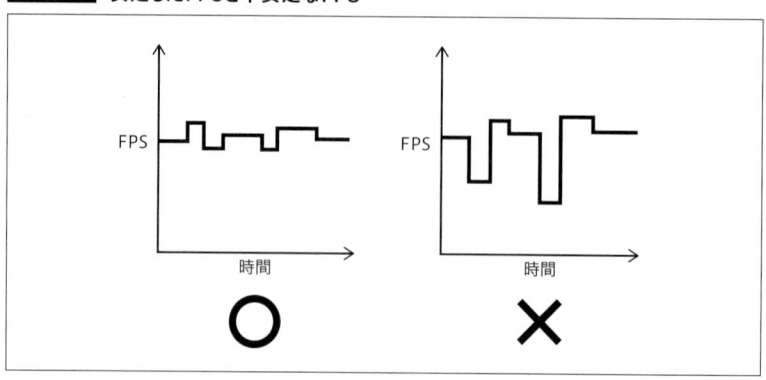

レンダリング処理最適化の基本指針

レンダリング処理を最適化するときの基本指針は、

- **1フレーム内の処理を軽減すること**
- **ブラウザの内部処理による最適化を活かすこと**

の2つです。

1フレーム内の処理を軽減する

レンダリング処理の速度は、1フレーム内の処理をどれだけ軽減できるかにかかっています。1フレーム内の処理にはブラウザ内部のありとあらゆる処理が含まれると説明しましたが、それらの処理の中から不必要なものを取り除いたり、一つ一つの処理を軽減したりすることで、60FPSに近付けていくことになります。

ブラウザの内部処理による最適化を活かす

我々開発者の努力による最適化とは別に、各ブラウザの内部処理の最適化も日々進められており、これも1フレーム内の処理を軽減することにつながります。そして、この最適化がうまく機能するように配慮することで、さらなる性能の向上が見込めます。

レンダリング処理に関連するところで代表的なものに、GPUアクセラレーションが挙げられます。ブラウザによって最適化戦略の詳細は異なりますが、開発者がGPUアクセラレーションを積極的に活かすことはレンダリング処理で重要なポイントです。

レンダリング処理のパイプライン

1フレームの中でレンダリングに結び付くさまざまな処理が発生していますが、それらがどのような処理なのか具体的に見ていきましょう。レンダリングに関する代表的な処理を整理すると次の4つが挙げられます。

❶スクリプトの処理
❷スタイルの評価
❸レイアウトの算出
❹ペイントの実行

　これらの処理がおおよそ順番に実行される中で、ユーザーの操作に応じてディスプレイに表示されるべきコンテンツが表示されていきます。

スクリプトの処理

　レンダリング処理に関わるJavaScriptの役割としては、HTML文字列のテンプレート処理や、イベントの発生をとらえて表示要素の状態を変化させる処理などがあります。scrollやmousemoveのように高頻度で発生するイベントにおいて、DOMの操作や更新をするような処理や、計算量を必要とする処理が発生すると、レンダリング処理に大きな影響を与えることがあります。

　スクリプト処理中はメインスレッドが占有され、ほかの処理は行われません。極端な例ですが、特定の重い処理に1,000ミリ秒かかるとすれば、その1,000ミリ秒の間は、レンダリングなどのほかの処理も停止してしまいます。Reactに代表されるVirtualDOM[注5]の実装は有用ですが、更新対象の構造体が大きくなるにつれて相応の計算量が必要になりますし、高頻度で発生すればメインスレッドを占有してUIのスムーズさを損なうことがあります。

スタイルの評価

　CSSで宣言されたスタイル情報を、ブラウザがセレクタにマッチする各要素に適用します。これによって各要素が、どのようなビジュアル情報を持っているのかが決定します。スタイル評価の速度については、CSSセレクタのマッチング高速化が話題に上ることがありますが、本書では扱いません。過剰に深い、または複雑なセレクタを除けば、多くの場合「どのようなセレクタで指定するか」よりも「どのようなプロパティを指定しているか」

注5　仮想的なDOMの構造体を管理し、構造体が更新されるたびに差分を抽出し、その差分の変更のみをDOMツリーに反映するしくみです。

のほうがレンダリング処理上のボトルネックになるからです。

　Webページのビジュアルを決めるスタイルは、レンダリング処理の速度に直結します。CSS3以降に追加された影やグラデーション、角丸などを表現するプロパティは、画像を使わないで実現できるビジュアルの幅を広げてくれた代わりに、複雑なビジュアル上の処理を必要とするためコストが高くなりがちです。

▌ レイアウトの算出

　各要素に割り当てられたスタイル情報をもとに、それぞれの要素がどのような位置関係で配置されるのかを決定するのがレイアウトの算出処理です。これが行われないと、要素がどんな位置にどんな大きさで配置されているのかはわかりません。この処理の呼称はレンダリングエンジンによって異なります。Chrome の Blink や Safari の WebKit ではこの処理を単にレイアウト(*Layout*)と呼び、Firefox の Gecko ではリフロー(*Reflow*)と呼びますが、本書ではレイアウトの算出と総称します。

　JavaScript から Element#getBoundingClientRect() メソッドを実行して要素の矩形(くけい)情報を取得したり、offsetTop や offsetWidth などのプロパティを参照したりすることは頻繁にあります。これらもレイアウトの算出処理によって得られた値を取得するための API です。このようなレイアウトに関わる情報の更新や参照が JavaScript から頻繁に行われることでレイアウト算出の処理が誘発され、UI のスムーズさを損なう大きい負荷を生み出してしまうことがあります。

▌ ペイントの実行

　これまでの処理で「何の要素をどのような見た目で、どこに配置すればよいか」が決まったので、いよいよディスプレイに表示するためのペイント処理を実行します。画像や文字情報はもちろん、CSS によって要素に割り当てられたボーダーや影などのビジュアル表現も処理されます。

　スタイルの評価でも触れましたが、影やグラデーション、角丸など複雑なビジュアル上の処理を伴うプロパティが指定されていると、グラフィック描画ライブラリがそのぶんだけ多くの処理を必要とするため、ペイントのコストは上昇します。

■ Webのアニメーションの種類と特性

Webでアニメーションを実現する手段はいくつかあります。そのうえで、アニメーションのFPSを維持するためには、各手段の機能的な特性やブラウザの互換性を考慮し、その中からより効率の良い方法を選択していく必要があります。

ここでは、DOM要素の位置をJavaScriptで逐次更新するDOMアニメーションと、CSSで宣言するCSS Transitions/Animations、jQueryのanimate()メソッドのように要素をアニメーションさせるためのAPIを使うWeb Animationsについて、それぞれの概要と特徴を紹介します。

■ DOMアニメーション —— JavaScriptを使った従来の手法

DOMアニメーションというのは俗称に近いのですが、DOM要素のstyle属性をJavaScriptで連続的に更新することで、topやleftプロパティなどによる位置情報やopacityプロパティによる不透明度などをアニメーションさせる手法です。styleプロパティは各HTML要素のグローバル属性として CSSStyleDeclaration型によって定義されています。

次の例ではidがballという赤い円形の要素が、setInterval()メソッドによって連続的にstyle.leftプロパティの値を書き換えられ続けることで左右往復するようにアニメーションします。

```
円形要素が左右に動くDOMアニメーションの例
<div id="ball"></div>
<style>
#ball {
  position: absolute;
  top: 0;
  left: 0;
  width: 100px;
  height: 100px;
  border-radius: 50%;
  background-color: red;
}
</style>
<script>
const ball = document.getElementById('ball');
let direction;
```

```
setInterval(() => {
  const current = parseInt(ball.style.left || 0, 10);
  if (current === 500) {
    direction = -1;
  } else if (current === 0) {
    direction = 1;
  }
  ball.style.left = (current + direction) + 'px';
}, 16);
</script>
```

　CSSを使ったアニメーションがブラウザ実装として普及する前は、このようなスクリプト制御のDOMアニメーションが主流でした。今でもドラッグ操作のようにユーザーアクションをトリガとして要素を動かしたり、複数の要素を同期させてアニメーションさせたりするなど複雑な制御が必要な場合には、JavaScriptでアニメーションを実装することになるでしょう。

▎CSS Transitions/Animations —— CSSによる動きの定義

　CSS TransitionsとCSS Animationsはその名前のとおりCSSの仕様として定義されていて、プロパティの値をCSSで連続的に変化させる、つまりCSSでアニメーションさせるための仕様です。

　次のコードは、CSS TransitionsとCSS Animationsで定義されている、それぞれのプロパティと指定の例です。似たプロパティも見られますが、それぞれに違いがあるので順に説明します。

```
CSS TransitionsとCSS Animationsの指定例
#transitionExample {
  transition: all 0.5s linear 0.3s;
  /* 上記のショートハンドは、次の一連のプロパティ指定と等価です */
  transition-property: all;
  transition-delay: 0.3s;
  transition-timing-function: linear;
  transition-duration: 0.5s;
}

#animationExample {
  animation: spin 1s linear 0.5s 3 reverse both paused;
  /* 上記のショートハンドは、次の一連のプロパティ指定と等価です */
```

```
  animation-name: spin;
  animation-duration: 1s;
  animation-timing-function: linear;
  animation-delay; 0.5s;
  animation-iteration-count: 3;
  animation-direction: reverse;
  animation-fill-mode: both;
  animation-play-state: paused;
}
```

　CSS Transitions は、アニメーションのクラスの付け外しなど CSS セレク
タで捕捉可能な要素の何らかの変化をトリガとして、**図4.3 ❶**のように変
化前と変化後の2点間をアニメーションさせます。前後2点間に限るため複
雑なことはできません。次の例では#transitionTarget の要素で .move のク
ラスが有効になると、transform: translateX(0) から transform:
translateX(300px) に1秒かけて直線的(linear)にアニメーションします。

CSS Transitionsの使用例

```
#transitionTarget {
  transition: transform 1s linear;
  transform: translateX(0);
}
```

図4.3　　TransitionsとAnimationsの違い

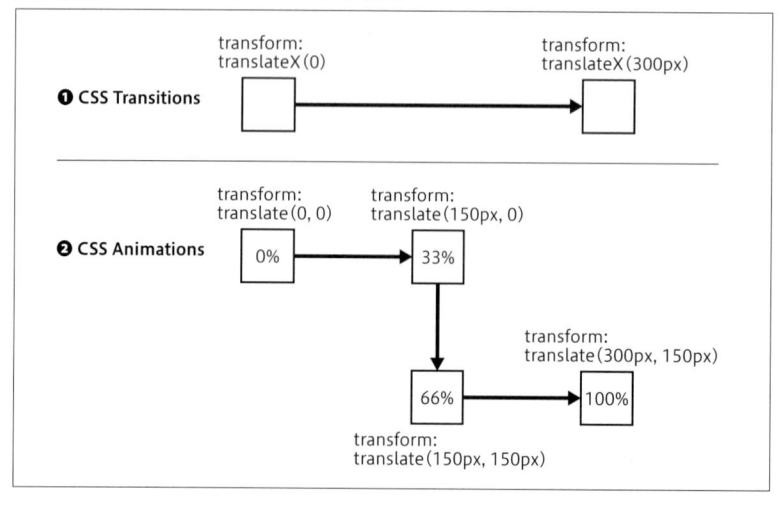

```
#transitionTarget.move {
  transform: translateX(300px);
}
```

　CSS Animationsは図4.3❷のように最初と最後だけでなく中間の状態も定義することで、より複雑なアニメーションが可能になります。アニメーションの定義は@keyframesで宣言して、その定義を任意の要素で利用できます。Transitionsは何かしらをトリガとしたプロパティの変化が必要ですが、Animationsは自発的なアニメーションの開始が可能であり、ほかにも繰り返しやアニメーション再生方向の指定などTransitionsと比べて細かな制御ができます。次の例では#animationTargetの要素は、transformプロパティで3秒かけて4点間を通過しながら往復し続けます。

CSS Animationsの使用例
```
#animationTarget {
  animation: move 3s linear infinite alternate;
}

@keyframes move {
  0% {
    transform: translate(0, 0);
  }
  33% {
    transform: translate(150px, 0);
  }
  66% {
    transform: translate(150px, 150px);
  }
  100% {
    transform: translate(300px, 150px);
  }
}
```

　CSS Transitions/Animationsによる要素のアニメーションは、DOMアニメーションのようにフレームごとのスクリプト処理を必要としないため、高い性能を発揮します。複数アニメーションの同期などが必要な複雑性の高いアニメーションには向きませんが、ホバー時のエフェクトや比較的単純なアニメーションには適した方法ですし、JavaScriptと組み合わせて動的なプロパティの変更をすれば表現の幅は広がります。

Web Animations —— 新しいアニメーションAPI

Web Animations[注6]は、CSSとSVGそれぞれのアニメーション機能を統合し、共通の抽象化されたJavaScript APIを提供する仕様です。既存のDOMアニメーションと同様に柔軟な制御ができますが、アニメーションの実行制御に必要な機能がネイティブなAPIとして提供されているぶん、これまでと比べて扱いやすく、性能面のメリットも期待できます。CSSやSVGのアニメーション仕様が別々に存在しているため、それぞれ別の方法で制御しなければならなかった問題も、Web Animationsでインタフェースが統合されることで解消されます。

次の例はbackground-colorプロパティで色を変えながら1秒ごとにtransform: rotate()で回転するアニメーションをWeb Animationsで記述したものです。時間指定の単位がミリ秒であったり、animation-timing-functionプロパティ相当のオプション名がeasingであるなど多少の違いはありますが、基本的にはCSS Animationsと同じような指定をJavaScriptで記述すると考えてよいでしょう。

```
Web Animationsの使用例
const keyframes = [
  { transform: 'rotate(0)', backgroundColor: 'skyblue' },
  { backgroundColor: 'hotpink' },
  { transform: 'rotate(360deg)', backgroundColor: 'green'}
];

const options = {
  duration: 1000,
  easing: 'linear',
  delay: 1000,
  iterations: Infinity,
};

const element = document.getElementById('animationTarget');
element.animate(keyframes, options);
```

さらに、次の例では用意されたボタンをクリックすると、アニメーションの開始と一時停止の制御したり、アニメーションの進捗状況をパーセン

注6　http://w3c.github.io/web-animations/

トで表示したりする実装を示しています。element.animate(keyframes, options) メソッドを実行すると Animation オブジェクトが取得でき、即座に pause() メソッドを実行すればアニメーションがすぐに開始されることはありません。

```
Web Animationsによる進捗制御の例
const squareAnimation = element.animate(keyframes, options);
squareAnimation.pause();

// アニメーションの再生、一時停止の制御
const toggleButton = document.getElementById('toggle');
toggleButton.addEventListener('click', () => {
  if (squareAnimation.playState !== 'running') {
    squareAnimation.play();
  } else {
    squareAnimation.pause();
  }
});

// アニメーションの進捗状況の取得
const timingButton = document.getElementById('timing');
const printTo = document.getElementById('printTiming');
timingButton.addEventListener('click', () => {
  const { progress } = squareAnimation.effect.getComputedTiming();
  printTo.innerHTML = Math.round(progress * 100) + '%';
}, 100);
```

　Web Animations は本書執筆時点で Chrome、Firefox が部分的に実装しているだけの状況ですが、web-animations-js[注7] という Polyfill を使えば、仕様と同じインタフェースで Web Animations を利用できます。Polyfill ではブラウザネイティブで実装されるべき処理が JavaScript で再現されているので、位置付けとしてはほかの JavaScript アニメーションライブラリの代わりに使ってみるというのもよいかもしれません。

　CSS Animations や CSS Transitions で簡単に表現できるアニメーションであれば無理に Web Animations を使う必要はありませんが、複雑な制御が必要なアニメーションであれば今後は Web Animations を積極的に活かしていけるようになるでしょう。

注7　https://github.com/web-animations/web-animations-js

CompositingによるGPUアクセラレーション
—— レンダリング処理に特化したGPUの活用

GPUアクセラレーションは、レンダリングに関する処理をCPU（*Central Processing Unit*）からGPU（*Graphics Processing Unit*）に委譲することで効率化することを指します。CPUは全般的な処理を行えますが、GPUはグラフィック処理の専門家です。

ブラウザの場合のGPUアクセラレーションでは、ある要素のテクスチャを独立した合成レイヤ（*Composite Layer*）としてGPUに転送し、GPU命令によってテクスチャを操作したり描画データの合成をしたりすることで高速なレンダリングを実現します。この処理を、Compositing（合成）と呼びます。

GPU命令による高速処理の恩恵

拡縮（`transform: scale()`）、移動（`transform: translate()`）、回転（`transform: rotate()`）、透過（`opacity: n`）のスタイルは通常はCPUで処理されますが、GPUの合成レイヤの管理下にある要素であれば、GPUの中だけで高速に処理できます。

何らかのオブジェクトを拡縮したり移動したりするようなアニメーション処理をするときに、対象の要素に対してCompositingを有効にすれば、CPUのみで処理するときよりもスムーズなアニメーションの実行を期待できます（**図4.4**）。

will-changeプロパティによるCompositingの有効化

CSS Animationsや`position: fixed`のようにブラウザが自動でCompositingを適用するスタイルもありますが、確実に適用したい場合は開発者が任意の要素にCompositingが有効になるような記述を加える必要があります。

`will-change`[注8]プロパティは、ほかのプロパティに変更が生じる可能性があることをあらかじめブラウザに伝え、Compositingをはじめとした最適化の準備を促します。先に紹介したCSSハックよりも、ブラウザにGPUアクセラレーションに関する予測と最適化を適切な方法で促すことができる

注8　https://drafts.csswg.org/css-will-change/

プロパティです。

　たとえば変形が加わったり位置が更新されたりする場合は、次のコードのように記述します。will-changeプロパティの値として、変更される可能性がある別のプロパティ名を指定します。複数指定する場合はカンマで区切ります。

```
will-changeプロパティによる最適化の示唆
#transitionTarget {
  /* transformに変更が加わる可能性があることを示す */
  will-change: transform;
  transition: transform 1s linear;
  transform: translateX(0);
}

#transitionTarget.move {
  transform: translateX(300px);
}
```

図4.4 Compositingの考え方

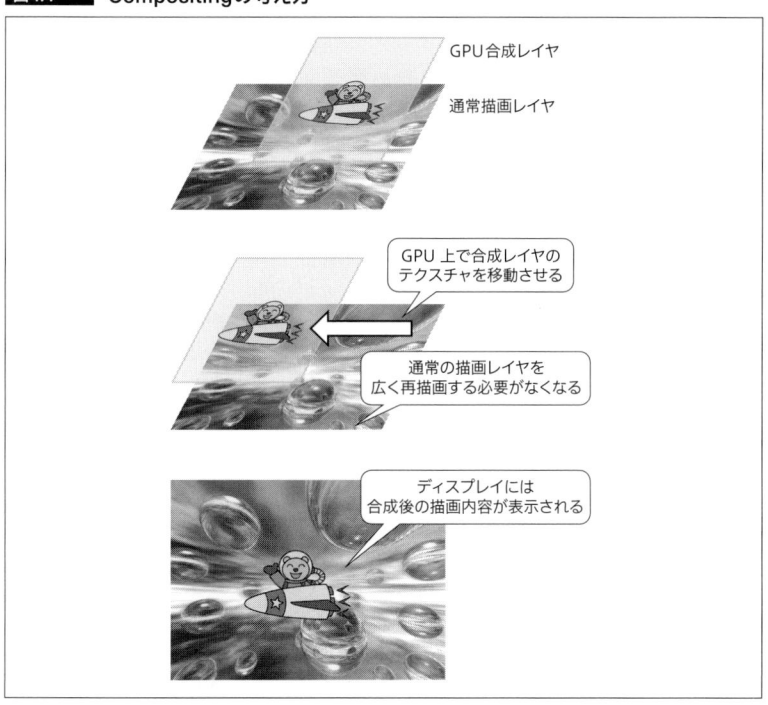

GPU合成レイヤ

通常描画レイヤ

GPU上で合成レイヤの
テクスチャを移動させる

通常の描画レイヤを
広く再描画する必要がなくなる

ディスプレイには
合成後の描画内容が表示される

　この例では transition プロパティでアニメーションさせる指定になっていますが、JavaScript で translateX プロパティを逐次的に更新する場合でも will-change プロパティは有効に働きます。ブラウザはこれらの変更に備えて準備を行い、レンダリング処理を最適化します。現在は事前のCompositing が主な最適化ですが、今後はレンダリングエンジンが内部的にほかの最適化も行うようになるかもしれません。

　will-change プロパティは本書執筆時点で Chrome、Firefox、Safari、iOS Safari がサポートしています。サポートしていないブラウザでも無視されるだけなので、採用しやすい技術です。

▌CSSハックによるCompositingの有効化

　Compositing を有効化する方法として、will-change プロパティが登場する前から Chrome や Safari、Android Browser を対象として使われているのは、transform: translateZ(0) のような指定です。これは transform プロパティに指定できる関数のうち関数名の末尾に Z や 3d が付くものは、Z軸の操作を前提とした3D操作になるため Compositing が有効になることを利用した CSS ハックです。実際に Z 軸の操作を必要としなくても 0 を指定すれば見た目は変更されないので、このような指定が使われます。

　このハックは transform プロパティの本来的な使用方法ではなく、あいまいな理解で濫用されてしまっているという背景を踏まえ、以前有効だったハックの一部にはブラウザ側で無効化されているものもあります。古いAndroid などターゲットブラウザによっては CSS ハックが必要なこともまだありますが、今後は will-change プロパティへ積極的に移行していくべきでしょう。

▌Compositingの副作用

　Compositing による GPU アクセラレーションでレンダリング処理が高速化するならば、Web ページ全体に適用すればよいと考える人もいるかもしれません。しかし、GPU アクセラレーションはアニメーションする可能性がある要素でなければ恩恵はありませんし、無駄に Compositing の処理コストを支払うことになってしまいます（**図4.5**）。Web ページ全体に適用するべきではなく、Compositing を必要とする限られた要素にのみ適用すべきです。

C o l u m n

ブラウザに対する最適化のヒントとCSS Containment

　CSS Containment Module[注a]で定義されるcontainプロパティは、開発者からブラウザに対して明示的にレンダリング処理の予測と最適化を促すヒントの提供手段として策定されています。ヒントの目的はcontainプロパティの対象要素が要素ツリーの中でも独立した部分であり、親兄弟に影響を及ばさないことを宣言して各種のレンダリング処理による影響をcontainプロパティの対象要素の中に封じ込めることです。

　containプロパティで指定できる値と封じ込めの効果は次の**表4.a**のとおりです。本書執筆時点では、仕様としては勧告候補のステータスであり、Blinkレンダリングエンジンを搭載するChromeでしか利用できません。

　この封じ込めによって、動的なコンテンツに変化があったときの影響範囲を明示的に限定でき、ブラウザのレンダリング処理に必要な計算量を削減できます。ただし現状では、高度なアニメーションや複雑にコンテンツが変化するようなエッジケースで利用するものと考えておいたほうがよいでしょう。

　containとwill-changeプロパティは、ブラウザが実行時に予測しきれないアプリケーションの振る舞いについて開発者からヒントを与えて、レンダリング処理を効率化させるプロパティです。CSSの主目的であるビジュアルスタイルの宣言とは異なり、ブラウザと開発者がコミュニケーションをとるためのユニークなプロパティと言えるでしょう。エッジケースの最適化に関しては、今後もこのような手段が追加されるかもしれません。

注a　https://www.w3.org/TR/css-contain-1/

表4.a	containプロパティに指定できる値
値	**封じ込めの効果**
size	指定された要素のサイズがコンテンツや子孫要素に影響されないようにする
layout	指定された要素が、親兄弟要素のレイアウトに影響を与えないようにする
style	指定された要素の外側に(一般的なレイアウト処理以外で)影響を与える可能性がある一部のスタイルの効果を子孫に波及させないようにしたり、子孫要素の中で完結させたりする
paint	指定された要素の境界の外側に子孫要素がレンダリングされないようにする
strict	size layout style paint の複合指定と同じ
content	layout style paint の複合指定と同じ
none	何の封じ込めも行わず通常どおりのレンダリング処理を適用する(初期値)

Compositingの処理コストは、前述したCPUからGPUへのテクスチャの転送コストなどです。対象の要素が大きかったり、数や頻度が多かったりすれば、そのぶん転送コストはかさみます。コンテンツや背景色などテクスチャ自体の更新が発生すれば、そのたびに再転送することにもなります。再転送が繰り返されることで、結果的にレンダリングの速度が遅延してしまうことは十分にあり得ますし、モバイルなどの低スペックデバイスの場合は特に注意が必要です。

4.3
レンダリング処理の調査と計測

本節では、レンダリング処理を調査および計測するため、DevToolsのPerformanceパネルの使い方を中心に説明していきます。レンダリング処理においてFPSの変動を見ることはもちろん必要ですが、最も重要なのはFPSが低下しているときにブラウザの内部でどのような処理が発生しているかを可視化することです。

ブラウザ内部アクティビティの確認

Performanceパネルに表示される情報には、ブラウザの内部で行われる処理のアクティビティがすべて詰まっています。マスターすればレンダリ

図4.5　過剰なテクスチャの転送をしてはいけない

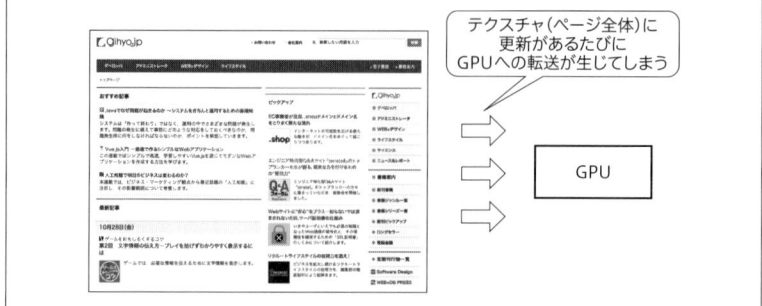

ング処理以外の調査にも役立つことでしょう。

アクティビティの記録

DevToolsを開いてPerformanceパネルを選択してください。開いた直後は、見るべき情報はまだ記録されていません。Performanceパネル内の左上にある**図4.6❶**の丸いRecordボタンを押すと、ブラウザ内で行われる処理がアクティビティとして記録され始めます。適当にスクロール操作やページ内のUIを操作したら、もう一度同じボタンを押して記録を終了しましょう。記録中にリンクなどでページ遷移をすると、遷移前後のアクティビティが混ざってしまうので、注意してください。

記録を終了すると、図4.6のような表示になっているはずです。図4.6❷にアクティビティの概要がグラフ表示され、図4.6❸には記録された個々のイベントが表示されます。個々のイベントのいずれかを選択すると、図4.6❹の位置にイベントの詳細情報がタブで表示されます。それぞれのタブについては後述します。

図4.6　Performanceパネル

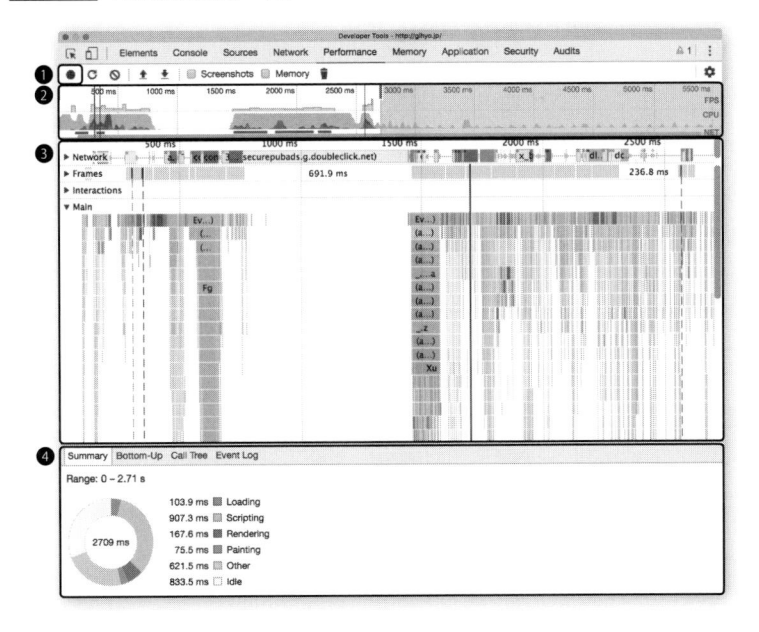

図4.6❷の概要は大きく3段に分かれていて、1段目にフレームレート、2段目にCPUの稼働状態、3段目にネットワーク処理が表示されます。ここを俯瞰すると、どのような処理がどこで負荷をかけていたかを把握できます。

FPSの確認

フレームレートのグラフはFPSの推移を表しています。棒グラフが高いほどスムーズにレンダリングされていることを意味しており、上端に達しているときは60FPSを維持できている状態です。また、棒グラフの上が赤く表示されていることもありますが、これはフレーム内の処理に時間がかかりすぎているときの警告です。直接の原因を示してくれるものではありませんが、この表示を手がかりに問題を探すとよいでしょう。

アクティビティ内イベントの種類と色分け

アクティビティ内に含まれる各種のイベントは、その内容によって色分けされています。**表4.1**にまとめたので参考にしてください。これを頼りに、どのような処理が行われたか見分けていきます。

アクティビティの概要と計測集計の確認

図4.6❷のアクティビティの概要は横が時間軸で、右に行くほどあとの時間に発生したアクティビティを示しています。この表示の上で横にドラッグすると範囲を選択できます。範囲を選択すると、図4.6❸も同じ範囲に絞り込まれて表示されます。これで、アクティビティが活発な範囲にアタリを付けて選択し、ボトルネックになっていそうな箇所を掘り下げて見てみるとよいでしょう。

図4.6❹には、その範囲のアクティビティに含まれるイベントに関する詳細情報が表示されます。これに含まれるSummary(概要)タブでは、**図4.7**

表4.1　**アクティビティ内イベントの種類と色**

種類	色	内容
Loading	青色	HTTPリクエストやHTMLのパースなど
Scripting	黄色	JavaScriptで行われた処理全般
Rendering	紫色	スタイル評価やレイアウト算出など
Painting	緑色	ペイント処理やラスタライズなど

のように所要時間や全体に占める割合を表示してくれます。

　Bottom-Upタブには各アクティビティの所要時間が表示され、Call Tree
タブにはタイマーや関数の実行など処理の起点となったアクティビティごと
に分類された所要時間が表示されます。これらのタブには共通して、**図4.8**
❶のようなイベントのグルーピングがあります。これによって、各イベント
が何によって発生しているのかドメインやURLごとに集計できるので、サー

図4.7　　アクティビティのSummaryタブ

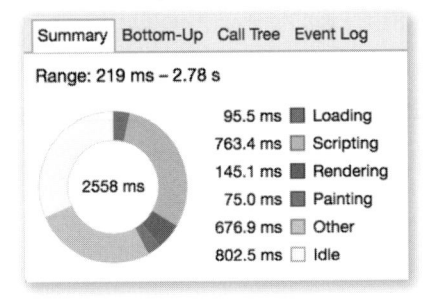

図4.8　　アクティビティのBottom-UpタブとCall Treeタブのグルーピング

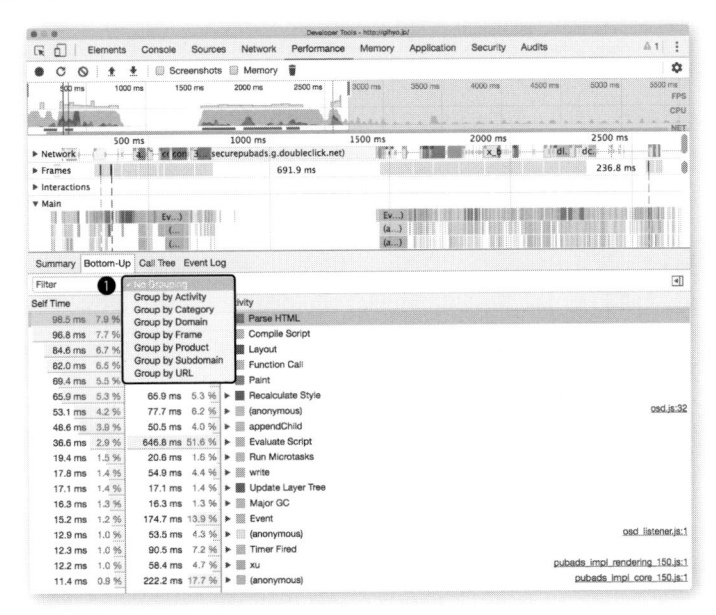

ドパーティスクリプトが多いWebサイトでも原因を効率良く絞り込めます。

　Event Log(時系列の発生ログ)タブには**図4.9 ❶**のように、セレクトボックスで「All」「≧1ms」「≧15ms」の選択肢があります。「≧1ms」は処理時間が1ミリ秒未満、「≧15ms」は15ミリ秒未満のイベントを省略して表示するメニューです。15ミリ秒未満のイベントを省略すれば、特に重いイベントだけを確認できます。その右にある各種イベントのチェックボックスは、イベントの種類でフィルタリングするためのものです。

▍Webページをロードしたときのアクティビティの確認

　Webページをロードし始めてから終わるまでのアクティビティを確認したいときは、Performanceパネルを開いた状態で、WindowsとLinuxであればCtrl+Shift+E、macOSであればCommand+Shift+EでWebページをリロードしてみてください。

　リロードすると記録が自動開始して、ロードが終われば自動終了します。この方法でWebページのロード中の気になる挙動も解析できます。

図4.9　　アクティビティのEvent Logタブのフィルタ

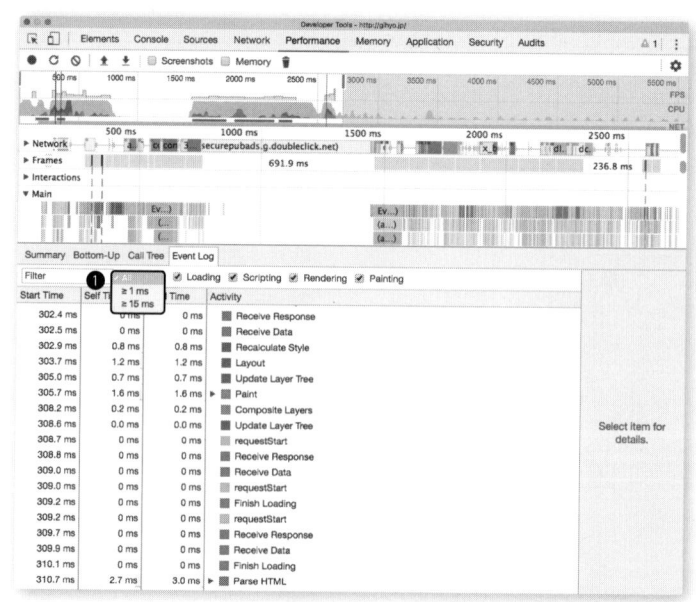

Long Tasks APIを使った時間のかかっているフレームの調査

　Long Tasks API[注a]は、ページのレンダリングに伴うイベントループ中のフレームの中でも、50ミリ秒を超えるフレームに関する情報を取得するAPIです。2.3節で紹介したTiming APIと同様にJavaScriptのインタフェースから、速度性能に関する情報を取得できます。

　次のようなコードを実行すると1フレーム内の処理が50ミリ秒を超えるLong Taskを検知したときに、そのフレームに関する情報がコンソールに表示されます。

Long Tasksを使ったレンダリング処理の計測

```
// PerformanceObserverのインスタンス化とコールバック関数の定義
const observer = new PerformanceObserver(list => {
  const perfEntries = list.getEntries();
  for (const longtask of perfEntries) {
    console.log(
      `Name: ${longtask.name}\n`,
      `Entry Type: ${longtask.entryType}\n`,
      `Start Time: ${longtask.startTime}\n`,
      `Duration: ${longtask.duration}\n`
    );
    console.log('Attribution:', longtask.attribution);
  }
});
// longtaskの監視を開始
observer.observe({entryTypes: ['longtask']});
```

　Long Tasks APIで取得された情報は、基本的には各種Timing APIで得られる情報と同じようなプロパティを持ちますが、固有のプロパティとしてattributionプロパティがあります。attributionプロパティには、Long Taskに相当するフレームがどこで発生したのかを示す情報が含まれます。

　手もとでデバッグするときには、Performanceパネルで可視化するほうが使い勝手が良いでしょう。しかし、このようなレンダリング処理に関わる情報がJavaScriptで取得できるようになると、リアルユーザーモニタリングのように、エンドユーザーの手もとで実行したときの情報を収集して改善の手がかりになる可能性があります。また、2.4節で紹介したTime To Interactiveを算出するtti-polyfillではLong Tasks APIを利用して算出をしているので、アイディア次第でほかにもいろいろな用法があるかもしれません。

注a　https://w3c.github.io/longtasks/

アクティビティ記録時のオプション

Performanceパネルの機能は実に豊富です。アクティビティを記録する
際にいくつかのオプションを利用すると、アクティビティ内のイベントに
ついてより詳細な情報が得られたり、CPUが低スペックな環境を再現して
調査できたりします。

イベントの詳細や追加情報の記録

図4.10❶の周辺にあるチェックボックスは、それぞれアクティビティを記
録するときの詳細設定です。いずれかを有効にした状態で記録をすると、アク
ティビティに含まれる情報が詳細化されたり、追加情報が得られたりします。

Screenshotsにチェックを入れると、図4.10❷のようにタイムラインの
時系列に沿った、そのときどきのスクリーンショットが表示されます。レ
ンダリング処理がどのような順序で行われているか確認できます。

Memoryにチェックを入れると、図4.10❸のようにメモリの利用状況グ

図4.10　Performanceパネルの各種オプション

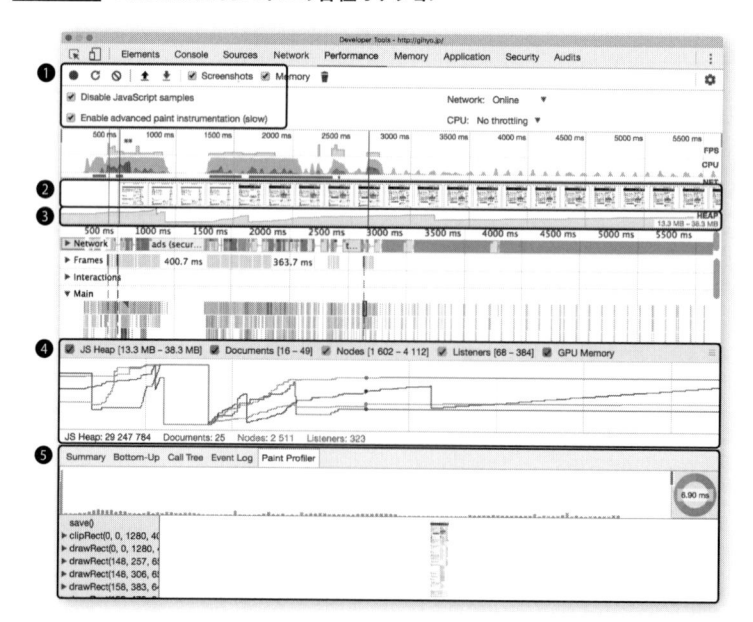

ラフが表示され、リストの下にも図4.10❹のようにメモリの折れ線グラフが表示されます。Memoryはすでに記録したタイムラインデータでもチェックを入れるだけで表示されます。

Disable JavaScript Samplesにチェックを入れると、JavaScriptの実行に関する詳細情報を記録しないようになります。これによって記録時に発生している実行時オーバーヘッドを軽減できます。このオーバーヘッドはPCであれば通常それほど大きな影響を及ぼしませんが、モバイルデバイスのデバッグ時には必要になることがあります。

Enable advanced paint instrumentationにチェックを入れると、Paintイベントの詳細に図4.10❺のようなペイント処理の詳細を表示するPaint Profilerタブと、各フレームの詳細にCompositingの状況を表示するLayersタブが追加されます。このチェックを有効にすると、顕著な実行時オーバーヘッドが発生します。実行時の性能に大きい影響があるので、うっかりチェックしたままにしないよう気を付けてください。

▌低スペックなCPU環境の再現

CPUスロットリングはCPUによる処理速度を意図的に低下させて、実行速度が低い環境をエミュレートする機能です。**図4.11❶**のような選択肢から、高スペックないし低スペックなデバイスを想定して指定したレートで低速化をかけます。

開発用のPCとモバイルデバイスの間にはかなりの性能差がありますが、開発時にこのようなオプションを使って動作を検証しておくとモバイルWebの開発時に役立つでしょう。一見して正しく動いているように見えても、処理順序の保証ができておらず、途中の処理が遅延することでエラーになってしまうケースも少なくありません。そのような場合のデバッグにも役立つでしょう。

▌レンダリングに関係する処理の可視化

前述したとおり、UIのスムーズさを決めるうえでFPSは重要な指標です。DevToolsでは現在のFPSや、どの領域でPaintイベントが発生したかなどを可視化できます。

DevToolsを起動してEscキーを押すか、DevToolsの右上メニュー内の

Show console drawer を選択すると、ドロワーが開きます。本節で紹介する機能は、このドロワーの Rendering タブに入っています。

ペイント処理範囲の可視化

図4.12 ❶ の Paint Flashing という項目にチェックを入れると、Webペー

図4.11　CPUスロットリングの選択肢

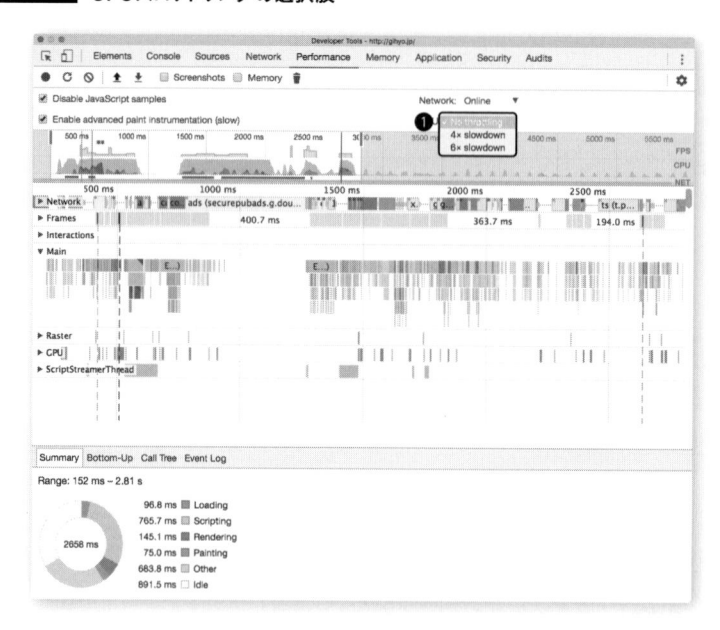

図4.12　ドロワー内のRenderingタブにある機能

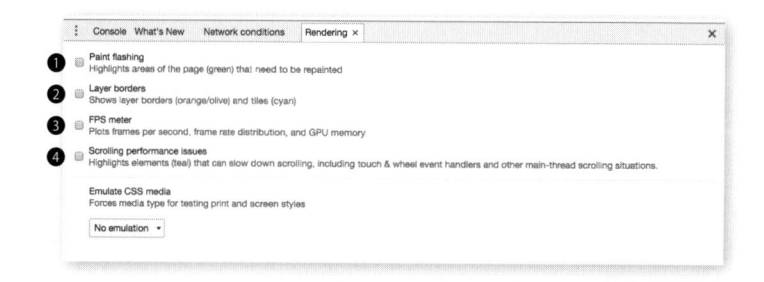

ジの何らかの領域でPaintイベントが発生するたびに、その範囲が緑色にハイライトされて可視化できます。昨今のUIフレームワークはデータバインディングなどによって高度に実装が抽象化されている反面、意図しないデータの更新によって不用意にUIが再レンダリングされてしまうことがあります。Performanceパネルよりも直感的に、いつどこでPaintイベントが発生したのかを把握できるので、UIの更新に伴うレンダリングに違和感を感じるときなどは積極的に有効にしてみましょう。

GPU合成レイヤの可視化

図4.12❷のLayer Bordersという項目にチェックを入れると、GPU合成レイヤとして扱われている箇所がオレンジ色の枠線で囲われるようになり、可視化できます。Compositingの恩恵を与えたい要素がちゃんと対象になっているかを確認するのはもちろん、不必要な要素をGPU合成レイヤとして扱ってリソースを圧迫していないかも確認できます。

この機能はCompositingによるGPU合成レイヤの生成を直感的に把握でき、ChromeだけでなくFirefoxとSafariでも同等の機能を利用できます。ブラウザによってCompositingの詳細な挙動は異なるので、それを確かめたい場合はそれぞれで確認するとよいでしょう。Firefoxはロケーションバーに`about:config`と入力して設定画面に移動したあと`layers.draw-borders`を`true`に設定すれば表示されます。Safariは開発者ツールのElementsタブ右上にあるShow compositing bordersボタンをクリックすると表示されます（**図4.13**❶）。

図4.13　　SafariのShow compositing bordersボタン

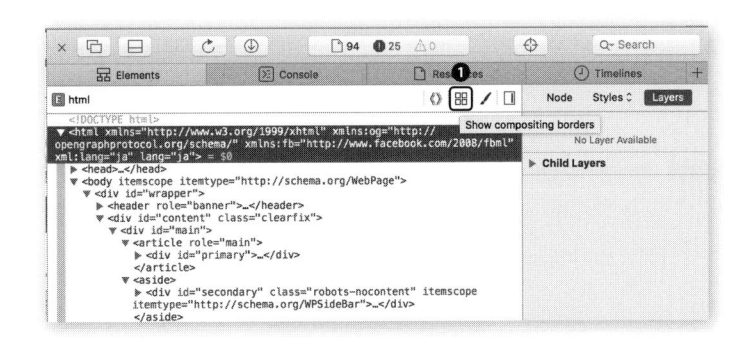

FPSのリアルタイムモニタ

　図4.12❸のFPS meterという項目にチェックを入れると、FPSに関する
リアルタイムモニタがWebページの右上に表示されます（**図4.14**）。メータ
ー表示内の左上に表示されている数字は直近のFPSで、右上の30-60のよ
うな数字は時間内のFPSの最小値と最大値です。図4.14の場合、グラフ内
のどこかで30FPSの瞬間があったということになります。

スクロールを阻害する要因の可視化

　図4.12❹のScrolling performance issuesという項目にチェックを入れる
と、スクロールの滑らかさを阻害する要因がWebページ内に表示されます。
これはたとえばscrollイベントによって再レンダリングされる領域の検出
や、mousewheel、touch系のイベントハンドラの割り当てが該当します。
scrollやmousewheelはわかりやすいですが、touch系もタッチデバイスだ
とスクロールのために画面を触るたび発生するイベントですので、ハンド
ラ内の処理によってはスクロール時の滑らかさを阻害します。自分が開発
したわけでなくどのように実装されているかわからないWebページを調査
するときに、疑わしいポイントを速やかに見つけることができるでしょう。

4.4
まとめ

　レンダリング処理の性能向上はWeb技術とブラウザで実現できる表現の
進化と比べて関心が集まりにくい分野ですが、レンダリング処理と心地良
いWeb体験は切り離せないものです。Webの表現力を最大化するために
も、レンダリング処理の速度は常に意識して開発したいところです。

図4.14　FPSメーター

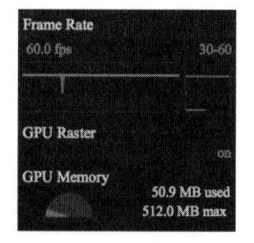

第 5 章

レンダリング処理の調査と改善

レンダリング処理の改善は、Webページを操作したときやアニメーションを表現するときの動きのスムーズさに大きく影響します。FPSを低下させてしまう要因を見つけ出し、どのように問題を取り除いていくかがポイントです。

本章ではレンダリング処理に関する問題の調査方法と、問題が認められた場合の改善方法について具体的な例をもとに解説します。

5.1
レイアウト算出の調査と改善

JavaScriptを使うと、HTMLとCSSだけではできない複雑な表現が可能になります。たとえば、ある要素の大きさやスクロール位置を参照して、その要素やほかの要素の位置を動かすような処理を書くことができます。このようなとき、一見して大したことがないような処理であっても、そこで行われている特定のプロパティの参照と更新によって高コストなレイアウト算出が誘発され、FPSを低下させている可能性があります。

ここではサンプルコードの`5th/scrolling-layout-thrashing/index.html`でスクロール時のレンダリングによくある処理状況を再現してみます。これから紹介するサンプルコードのスクロールに関する問題は、使っているマシンの性能によってはうまく再現しない可能性がありますが、CPUスロットリングで処理を低速にしておくと再現しやすくなります。

調査方法

レイアウト算出の観点からレンダリング性能を調査するには、Performanceパネルを使ってボトルネックを発見します。

スクロール時のレンダリングが遅い原因

みなさんが普段見ていて、ちょっと重いなと感じたことがあるWebページを開いてみてください。Performanceパネルを開いて、スクロール中に発生しているアクティビティを記録してみましょう。アクティビティの記

録が終わったら、赤いマークが付いた時間のかかっているフレームを選択
してみましょう。そのフレームに含まれるイベントを調査すれば、なにが
ボトルネックになっているかを把握できるはずです。

同期的に実行されるレイアウト算出

　図5.1の場合、69.9ミリ秒かかっている図5.1❶のフレームに、scrollイ
ベントで48.38ミリ秒かかっている図5.1❷のスクリプト処理があることを
確認できます。このアクティビティのチャートを確認すると下のほうに、
図5.1❸の右上に赤い三角形のマークが付いた紫色のLayoutイベントが頻
発していることがわかります。この赤いマークは、レンダリング処理上の
ボトルネックになる可能性があることを示しています。ここでは「Forced
reflow is a likely performance bottleneck.」という警告が表示されています。
これが処理に時間がかかっている原因であり、Forced synchronous layout
と呼ばれる現象につながります。

図5.1　　時間のかかっているscrollイベントとForced reflow

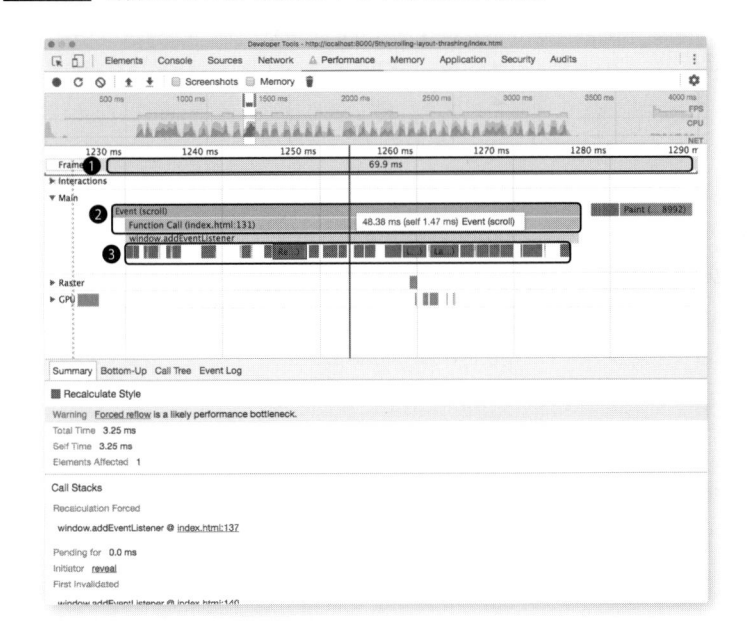

▍Forced synchronous layoutとLayout Thrashing

―― レイアウト情報の参照によって強制的に発生するレイアウト算出

Forced synchronous layout（またはForced Reflow）は、通常はスタイル評価のあとに行われるレイアウト算出が、最新のレイアウト情報が必要になったとき、再算出のために強制実行されることを指します。これはJavaScriptから要素のレイアウトに関わるプロパティを参照するときなどに発生します。Forced synchronous layoutとして実行されたレイアウト算出が終わるまで参照されたプロパティの値は得られないため、その間スクリプト処理を含むメインスレッドはブロックされてしまいます。

今回の例では、次のような処理がscrollイベントのハンドラに含まれていると警告されます。

```
レイアウト情報の参照と更新
const height1 = element1.clientHeight;
element1.style.height = (height1 * 2) + 'px'; …❶
const height2 = element2.clientHeight;        …❷
element2.style.height = (height2 * 2) + 'px';
```

❶で要素のheightを変更したことにより、既存のレイアウト情報は再算出が必要な状態（invalidated）になります。レイアウトは要素と要素が互いに関係しあって決まるため、単一の要素を変更しただけでも広い範囲のレイアウトの再算出を必要とします。❷で参照しているclientHeightは、最新のレイアウト情報が必要なプロパティです。これによって、レイアウトの再算出が実行されます。

このようなレイアウト情報の参照と更新がループ処理やイベントハンドラの断続的な呼び出しによって交互に繰り返されて、Forced synchronous layoutが過度に発生している状態をLayout Thrashingと呼びます。ロジックの都合などで多少のForced synchronous layoutが発生してしまうことはあり得ることですが、過度に発生している状態は避けるべきです。

▍改善方法

このようなケースでは、Forced synchronous layoutによる過度なレイアウト算出を減らしてLayout Thrashingを解消できれば、レンダリング処理

の性能改善につながります。

▍Layout Thrashingの解消

さっそく Forced synchronous layout による Layout Thrashing を解消していきましょう。

次の例は、スクロール量に合わせて .ball の要素たちの height を加算するコードです。サンプルコードを実行するとわかりやすいですが、.ball の要素の並びが後ろになるにつれて加算量が上がります。

```
Layout Thrashingを含む例
const balls = Array.from(document.getElementsByClassName('ball'));
let currentY = window.pageYOffset;
let previousY = 0;

window.addEventListener('scroll', () => {
  currentY = window.pageYOffset;
  const deltaY = currentY - previousY;

  for (let i = 0, iz = balls.length; i < iz; i++) {
    // 現在のheightを参照
    const currentHeight = balls[i].clientHeight;

    // 移動量 * (i + 1) を足してheightを更新
    const dist = deltaY * (i + 1);
    balls[i].style.height = currentHeight + dist + 'px';
  }

  previousY = currentY;
}
```

このようなコードは Layout Thrashing を誘発します。前述したとおり、レイアウト情報の参照と更新が交互に繰り返されているのが問題ですので、次の例のように参照と更新のタイミングをまとめてしまえば問題は解決します。

```
レイアウト情報の参照と更新のタイミングを改善
// scrollイベントのリスナ内
const deltaY = currentY - previousY;
const heights = [];

// 対象のすべての要素のclientHeightをまとめて参照する
for (let i = 0, iz = balls.length; i < iz; i++) {
```

```
  heights[i] = balls[i].clientHeight;
}

// 保存しておいたclientHeightをもとにまとめて更新する
for (let i = 0, iz = balls.length; i < iz; i++) {
  const dist = deltaY * (i + 1);
  balls[i].style.height = heights[i] + dist + 'px';
}
```

更新するとレイアウトの再算出が必要になるCSS

　次の**表5.1**にあるスタイルを変更すると、レイアウト情報の更新が必要な状態(invalidated)になります。表には代表的なプロパティのみを抜粋して列挙していますが、要素の大きさや要素間の位置関係、テキストの配置に関わるようなCSSを更新すると、レイアウト情報の更新も必要になると考えればわかりやすいでしょう。

　なお厳密には、レンダリングエンジンの種類やバージョンによっても何がトリガになるかは変わります。詳しくは「CSS Triggers」[注1] というWebサイトにまとまっているので参考にしてください。

参照するとレイアウトの再算出が実行されるDOM API

　DOM APIの中でも**表5.2**にあるプロパティを参照したりメソッドを呼び出したりすると、前述したようなレイアウト情報の再算出が必要な状態

注1　https://csstriggers.com/

表5.1　**レイアウトの再算出が必要になるCSS**

種類	プロパティ
位置情報系	position、top、right、bottom、left、vertical-align、floatなど
ボックスモデル系	width、height、max-width、max-height、min-width、min-height、padding、margin、box-sizing、border-style、border-width、border-collapseなど
Flexbox系	flex-basis、flex-direction、flex-grow、flex-shrink、flex-wrap、align-items、align-self、justify-content、orderなど
表示状態系	display、overflow-x、overflow-yなど
テキスト系	text-align、text-indent、word-break、word-spacing、word-wrap、letter-spacing、line-height、directionなど
フォント系	font-family、font-size、font-style、font-weightなど

(invalidated) なときにレイアウト算出が発生します。要素やウィンドウの大きさや座標、スクロール位置に関わる情報を扱うときは、レイアウト算出が行われる可能性があると考えればわかりやすいでしょう。

window.getComputedStyle(element, pseudoElt) メソッドで得られる読み取り専用の CSSStyleDeclaration オブジェクトも、大きさや位置情報に関係するプロパティを参照すると、表に挙げたプロパティなどと同じようにレイアウト算出のトリガになります。

▎画面内に出入りする要素の管理の効率化

ある要素が画面内に入ったかどうかを判定するときは、scroll イベントを監視して要素の位置を都度判定するのが従来の方法ですが、これもスクロールのレンダリング処理を阻害する要因の一つです。この従来の方法をIntersection Observer[注2] という API に置き換えると、同様の処理を効率的に行えます。

まずは従来の方法に含まれる問題と実装コードを確認します。スクロールのレンダリング処理を阻害する要因として、従来の方法に含まれるのは次の2点です。

❶高頻度で発生する scroll イベントで毎回処理が発生する
❷要素の座標を確認するためにレイアウト情報への参照が発生する

❶については、毎回処理せずにイベントハンドラの実行を7.1節で紹介す

注2　https://www.w3.org/TR/intersection-observer/

表5.2　**レイアウトの再算出が必要になるDOM API**

種類	プロパティやメソッド
ボックスモデル系	element.offsetLeft、element.offsetTop、element.offsetWidth、element.offsetHeight、element.clientLeft、element.clientTop、element.clientWidth、element.getClientRects()、element.getBoundingClientRect()など
スクロール系	element.scrollBy()、element.scrollTo()、element.scrollIntoView()、element.scrollIntoViewIfNeeded()、element.scrollWidth、element.scrollHeight、element.scrollLeft、element.scrollTopなど
ウィンドウ系	window.scrollX、window.scrollY、window.innerHeight、window.innerWidthなど

event.preventDefault()メソッドの待ち受けコストと対策

スクロール時にレンダリングが遅くなる原因として、Layout Thrashingのようなイベントリスナ内の処理だけでなく、touchstart、touchmove、mousewheelイベントなどについては、event.preventDefault()メソッドの待ち受けに関するコストも発生します。

touchmoveやmousewheelイベントなどはデバイスの操作と同期して発生しますが、イベントリスナの中でevent.preventDefault()メソッドによってイベントがキャンセルされる可能性があるため、スクロール時のレンダリング処理も同期的にリスナの実行結果を待つのでブロッキングが発生します。イベントリスナ内の処理が高コストであればブロッキングの時間ももちろん長くなりますが、そうでなくても断続的に発生するイベントのevent.preventDefault()メソッドの待ち受けによるコストがスクロールに伴うレンダリング処理を阻害します。

これを解決するために、Passive Event Listenerという仕様がaddEventListener()メソッドに追加されました注a。イベントリスナを設定するとき次のように記述すれば、そのイベントリスナがevent.preventDefault()メソッドを呼び出さないPassive Listenerであることをブラウザに対して宣言できます。

Passive Event Listenerの使用
```
document.addEventListener('touchmove', listener, { passive: true });
```

Passive Event Listenerの使用によってevent.preventDefault()メソッドが呼び出されないことを明示すれば、ブラウザはevent.preventDefault()メソッドの待ち受けによってスクロールのレンダリング処理を阻害されることもなくなるという考え方です。モバイルにおけるtouchmoveイベントに絡めたイベントリスナは利用頻度が高いので、積極的に使ってみるとよいでしょう。

これまでaddEventListener()メソッドの第3引数はuseCaptureという真偽値として扱われていたので、Objectとしてオプションを渡すには次のような機能のサポートチェックが必要です。Internet Explorer以外のブラウザは最新バージョンですでにサポートしていますが、当面はサポートチェックを行っておいたほうがよいでしょう。

Passive Event Listenerのサポートをチェック
```
// addEventListenerが第3引数のオブジェクトに含まれる
// passiveプロパティを参照するかによってサポート判定をする
let supportsPassive = false;
try {
  const options = Object.defineProperty({}, 'passive', {
```

注a https://github.com/WICG/EventListenerOptions/blob/gh-pages/explainer.md

```
      get: () => {
        supportsPassive = true;
      }
    });
    window.addEventListener('test', null, options);
  } catch (e) {}

  // サポート判定が真であればpassiveプロパティを適用する
  element.addEventListener('touchstart', fn,
    supportsPassive ? { passive: true } : false);
```

※ W3C (MIT, ERCIM, Keio), "Passive event listeners", 2017, https://github.com/WICG/
EventListenerOptions/blob/gh-pages/explainer.md#feature-detection（コメントは和訳済み）

るような方法で間引くこともできますが、イベントリスナの呼び出しその
ものにもオーバーヘッドは存在します。❷については参照だけで終われば
よいのですが、要素の位置を検出した結果でレイアウト情報への更新を必
要とするときに、前述のForced synchronous layoutが発生してLayout
Thrashingに至るコードになってしまう可能性があります。

　次の例はscrollイベントで要素の画面内における出入りを判定するコー
ドです。getBoundingClientRect()メソッドは要素の矩形情報や、現在の
ドキュメント内における位置情報を返します。scrollイベントが発生する
たびに、その要素の位置情報などを取得して判定しなければなりません。

要素が画面内に入ったことをチェック
```
const target = document.getElementById('target');
let viewport = getViewportSize();

function getViewportSize() {
  return {
    width: document.documentElement.clientWidth,
    height: document.documentElement.clientHeight
  }
}

window.addEventListener('resize', () => {
  viewport = getViewportSize();
}, false);
```

```javascript
window.addEventListener('scroll', () => {
  const { width, height } = viewport;
  const rect = target.getBoundingClientRect();

  // 水平方向において要素の一部または全部が画面内に存在し得るか
  const isInHorizontal = rect.left > 0 && rect.left < width ||
                         rect.right > 0 && rect.right < width ||
                         rect.left < 0 && rect.right > width;

  // 垂直方向において要素の一部または全部が画面内に存在し得るか
  const isInVertical = rect.top > 0 && rect.top < height ||
                       rect.bottom > 0 && rect.bottom < height ||
                       rect.top < 0 && rect.bottom > height;

  // 要素の一部または全部が画面内に存在するか
  if (isInHorizontal && isInVertical) {
    console.log('要素が画面内に入りました');
  } else {
    console.log('要素が画面内から出ました');
  }
}, false);
```

　これと同等の判定をIntersection Observerで記述すると、コードが簡潔になり、処理の効率化も期待されます。Intersection Observerはある要素を基準に対象の要素が交差することを監視して、適切なタイミングでコールバック関数を呼び出してくれるAPIです。基準になる要素はnew IntersectionObserver(callback, { root: criteriaElement })のようにして第2引数のオプションにrootプロパティとして指定できますが、省略した場合は画面（ビューポート）との交差を監視します。

　次のコードは前述の判定処理をIntersection Observerで書きなおしたものです。従来のコードと比べて簡潔な記述になることがわかります。次のコードではrootプロパティの指定を省略しているので、単に画面内に要素が入ったかどうかのみを判定しています。

Intersection Observerの使用
```javascript
const target = document.getElementById('target');
const observer = new IntersectionObserver(entries => {
  const entry = entries[0];
```

```
// 要素が少しでも画面内に入っていれば真
if (entry.intersectionRatio > 0) {
  console.log('要素が画面内に入りました');
} else {
  console.log('要素が画面内から出ました');
}
});
observer.observe(target);
```

Intersection Observer に渡したコールバック関数は、observer.observe(element) メソッドで渡された要素が画面内に入ったときに呼び出されます。コールバック関数の第1引数にある entries は IntersectionObserverEntry オブジェクトの配列であり、例では1つの要素のみなので entries[0] で取り出しています。IntersectionObserverEntry オブジェクトはいくつかのプロパティを持ちますが、例で参照している entry.intersectionRatio プロパティは、その要素の全体のうち何割が画面内に入っているかを示します。この値は0から1の範囲であり、0より大きければ画面内に入ったことが検知できます。

このように Intersection Observer を使うことで、従来の方法のように Forced synchronous layout を無闇に発生させず、ブラウザ内部の最適な処理に基づいて要素の出入りを判定できます。

Intersection Observer は本書執筆時点で Chrome、Firefox、Edge のみがサポートしています。Internet Explorer や iOS Safari などがサポートしていませんが Polyfill[注3] もあるので、scroll イベントでの要素の監視を積極的に置き換えていくこともできます。

5.2

▌ペイント処理の調査と改善

CSS3が一般的になったことで、CSSで済ませられる装飾は画像を使わずに表現できるようになりました。しかし、CSSで複雑なスタイルを適用す

注3　https://github.com/WICG/IntersectionObserver/tree/gh-pages/polyfill

るにはそれ相応のコストがかかります。

　たとえば`box-shadow`や`border-radius`プロパティなどは、よく使われる
プロパティの中でもペイント処理のコストが高めな部類です。もちろん、
これらのプロパティを使っているだけですぐ問題になるほど危険ではあり
ません。しかし適用の範囲や頻度、そして対象デバイスの性能によっては
問題になります。

調査方法

　ペイント処理の観点から性能を調査するときは、レイアウト算出と同じ
ようにPerformanceパネルが役立ちます。処理に時間がかかっているフレ
ームの中から、緑色で示されるペイント処理の関連イベントで時間がかか
っている箇所を探すとよいでしょう。

　ここでは、そこからさらに特定のPaintイベントの中を覗いて、ペイント
処理の詳細を調査します。

ペイント処理のプロファイル

　Performanceパネル上部のオプションからEnable advanced paint
instrumentationを有効にして記録すると、PaintイベントのSummaryタブ
の横にPaint Profilerタブが追加されることは前章で紹介しました。

　サンプルコードの`5th/evaluate-expensive-styles/index.html`を開き
Performanceパネルを開いた状態でリロードすれば、Webページの初期化
時に発生したレンダリング処理のアクティビティを収集できるので、そこ
からいくつかのPaintイベントを確認してみましょう。

CSSの複雑性が及ぼす影響

　図5.2と**図5.3**はサンプルを対象に実際にPaint Profilerで調査したとき
の結果です。Paint Profilerの上部も独立したタイムラインになっていて、
範囲を選択すると下のペイント内容の表示も変化します。右上にあるのは
処理時間です。ペイント内容の表示の左にあるのはレンダリングコマンド
です。

図5.2　シンプルなCSSのPaint Profiler

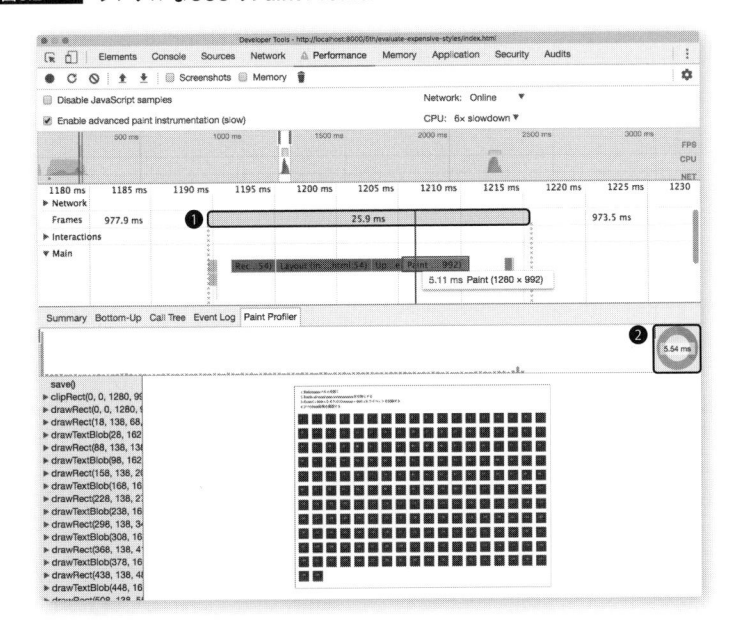

図5.3　複雑なCSSのPaint Profiler

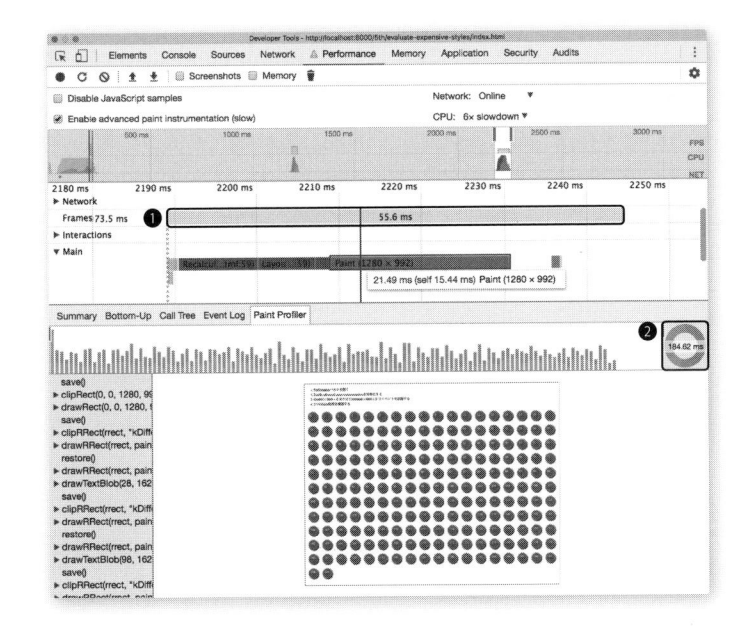

次のコードは、調査対象になったCSSです。

```
id="light"のdiv子要素に適用するシンプルなCSS
#light div {
  background-color: blue;
}
```

```
id="heavy"のdiv子要素に適用する複雑なCSS
#heavy div {
  background: radial-gradient(red, orange);
  border-radius: 30px;
  box-shadow: 3px 3px 3px rgba(0, 0, 0, 0.8);
}
```

　background-colorプロパティのみを適用したシンプルなCSSは、レンダリングされたタイミングのフレームが図5.2❶の25.9ミリ秒であり、Paint Profilerによる処理時間の表示は図5.2❷の5.54ミリ秒です。それに対し、border-radiusとbox-shadow、radial-gradientプロパティをすべて適用した複雑なCSSは、レンダリングされたタイミングのフレームが図5.3❶の55.6ミリ秒であり、Paint Profilerによる処理時間の表示は図5.3❷の184.62ミリ秒もかかっていることがわかります。

改善方法

　プロファイリングでは具体的に特定のスタイルがどれほどのコストになっているかを可視化することはできません。これはスタイルの組み合わせによっても最終的なコストが変わるからです。Performanceパネルなどで調査して、時間のかかっているPaintイベントやFPSの低下などを見つけたら、CSSの疑わしい箇所を変更しつつ改善の目処を立てていきます。ペイント処理で問題になりがちなポイントをいくつか紹介します。

コストが高いスタイルの見なおし

　ブラウザはCSSを評価してページのレンダリングを行いますが、使っているプロパティによって発生するペイント処理のコストはまちまちです。表現するテクスチャやレンダリング対象のパスが複雑であるほどペイント処理のコストも高くなります。ビジュアルデザインとの相談にもなります

が、適用するスタイルの種類を変えるなどで負荷を下げられるでしょう。

コストが高いプロパティとしてよく取り上げられるのは、グラデーションの表現（linear-gradient や radial-gradient など）や、影の表現（box-shadow や text-shadow など）といった、CSS3 のころに強化されたビジュアル効果のプロパティです。これらは従来のプロパティに比べてレンダリングのコストが高く、多用するとボトルネックになる可能性があります。

プロパティを組み合わせれば複雑な表現も可能になりますが、ペイント処理のコストが高いプロパティどうしを組み合わせると指数関数的にコストが高まってしまうこともあります。デスクトップ PC やノート PC ではあまり問題にならないかもしれませんが、性能の高くないモバイルデバイスを対象とするときは注意しておくとよいでしょう。

Flexbox のようなレイアウト系のスタイルも、レンダリングエンジンに実装されて間もないころはレイアウト算出コストが非常に高いという問題がありました（現在は改善されています）。今後新しく登場するスタイルの仕様も、実装されて間もないうちは何かしらの問題を抱えている可能性を考慮しておくとよいでしょう。当時の Flexbox については「Building The New Financial Times Web App (A Case Study) —— Smashing Magazine」[注4] に詳細があるので参考にしてください。

▌:hoverによって誘発されたペイント処理の抑制

ユーザーのマウスアクションに対する応答手段として、:hover でインタラクションを付与することはよくあります。しかし、この :hover 時に適用されるスタイルのペイント処理のコストが高いと、UI のレスポンスに影響を与えることがあります。

意図せずスタイルが適用されてしまうことにも注意しなければなりません。たとえばページのスクロールが行われている最中にカーソルが動いて :hover の定義されている要素の上を通過することでも、ブラウザは該当要素を再度ペイントします。装飾が複雑であるほどペイント処理のコストは高いため、スクロール時のカクつきの原因になります。特に要素が連続

注4　https://www.smashingmagazine.com/2013/05/building-the-new-financial-times-web-app-a-case-study/

的に並んでいる場合は、再ペイントの頻発につながり、スクロールを著し
く阻害します。この場合、スクロール中に発生する:hoverによるスタイル
の適用が意図しないものであれば、スクロール中は適用されないようにす
るのもよいでしょう。

　次の例では、\<body>要素にスクロールされていない状態を示すクラスとし
てis-not-scrollingを付与し、❶のように:hoverはそのクラスを前提とし
て宣言します。is-not-scrollingは❷のように、scrollイベントが発生した
らクラスを\<body>要素から外しておいて、scrollイベントが発生しなくなっ
たら再度クラスを追加するようなJavaScriptで制御すればよいでしょう。こ
のようにすると:hoverによるプロパティの意図しない適用を避けられます。

```
hoverスタイルをプレフィックス付きで宣言
<html>
  <head>
    <style>
      .is-not-scrolling a:hover { ... } …❶
    </style>
  </head>
  <body class="is-not-scrolling">
    ...
    <script>
    const CLASS_NAME = 'is-not-scrolling';
    const body = document.body;
    let timer;

    window.addEventListener('scroll', () => { …❷
      // is-not-scrollingクラスが付いていたら外す
      if (body.classList.contains(CLASS_NAME)) {
        body.classList.remove(CLASS_NAME);
      }

      // scrollイベントが発生するたびに新規のタイマーがセットされる
      // スクロール操作が発生しなくならないとクラスは追加されない
      clearTimeout(timer);
      timer = setTimeout(() => {
        body.classList.add(CLASS_NAME);
      }, 200);
    }, false);
    </script>
  </body>
</html>
```

ペイント処理のトリガになるCSSの削減

CSSにはペイント処理のトリガになるものとならないものがあります。先ほど挙げたような重いCSSに加えて、backgroundやcolorといった馴染みの深いプロパティも、変更が加わるたびにブラウザによってペイント処理が行われます。

4.2節でも紹介したとおり、拡縮(transform: scale())、移動(transform: translate())、回転(transform: rotate())、透過度(opacity)は特殊です。一見、これらの更新はペイント処理を伴うように思えますが、適用される要素がGPU合成の対象であれば、GPU上の基本的な命令だけで表現できます。そのため、テクスチャの再生成とGPUへの再転送を必要としません。

表5.3は、ペイント処理をトリガするプロパティと、GPU合成時にテクスチャの再転送を起こさないプロパティの一覧です。

5.3
意図しないCompositingの調査と改善

GPUアクセラレーションについてもDevToolsで調査できます。昨今のリッチな表現を実現するにはGPUアクセラレーションを適切に活かさなければ実現できないこともあります。

調査方法

ここでは、Compositingが対象の要素に正しく適用されているケースの調査ではなく、無関係な要素がGPUアクセラレーションの対象として巻き込まれてしまっているケースの調査を紹介します。

表5.3	ペイント処理のトリガになるスタイルとならないスタイル

種類	プロパティ
ペイント処理の トリガになるスタイル	color、background、outline、border、box-shadow、text-shadow、visibility、linear-gradient、radial-gradientなど
GPU合成時にテクスチャの 再転送を起こさないスタイル	transform: scale()、transform: translate()、transform: rotate()、opacity: n など

　Compositingはハードウェア側の処理にも依存するため、特にモバイルデバイスでは機種依存の予期しない不具合に出くわすことも少なくありません。筆者の経験では、Compositingが広範に適用されることによって何らかの予期しない不具合を誘発してしまい、スクロールするたびに毎回画面が真っ白になったり、ある要素をアニメーションさせるたびに無関係な要素もGPUに転送されて画面が硬直したりするなどの事態に遭遇しました。

▌意図しないCompositing

　意図せず無関係な要素がCompositingに巻き込まれることによる副作用を伝えましたが、これを確認するには前章で紹介したドロワーのRenderingタブにあるLayer Bordersを有効にします。ここではサンプルコードの`5th/accidental-layer-creation/index.html`で意図しないCompositingの発生を確認してみましょう。

　Layer Bordersを有効にすると、表示中のWebページの中でCompositingの対象になっている要素をオレンジ色の枠線で囲って表示してくれます。狙った要素だけがオレンジ色の枠線で囲われていれば問題ありませんし、そうでなければ巻き込まれているということになります。

　図5.4ではLikeと書かれたボタンがアニメーションの対象ですが、その下にある要素もCompositingの対象になってしまっています。

▌Compositingが適用された理由

　巻き込まれ方はさまざまなので個別に対応することになりますが、その要素がなぜCompositingの対象になっているのかを調べる方法があります。

　ChromeであればPerformanceパネルでEnable advanced paint instrumentationを有効にして、Compositingを発生させる操作をしてアクティビティを記録します。そのあと、Compositingが発生したタイミングのフレームを選択すると、Summaryタブの横にLayersタブが出現します。

　Layersは**図5.5**のように表示されます。図5.5❶にそのフレームでCompositingの対象になった要素がツリーで表示されます。図5.5❷にはWebページのレイヤの重なりが3Dで表示され、ここからダイレクトに確認したい要素を選択できます。要素を選択すると、図5.5❸にCompositingに関する詳細が表示されます。

図5.4　意図しないCompositingによる巻き込み

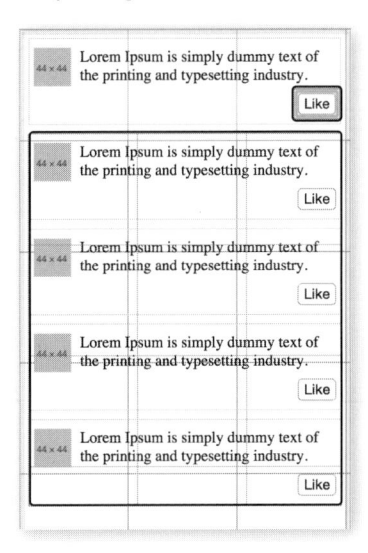

※どれがオレンジ色の枠線なのかが紙面でもわかるように、枠線を付けている

図5.5　LayersパネルによるCompositingの調査

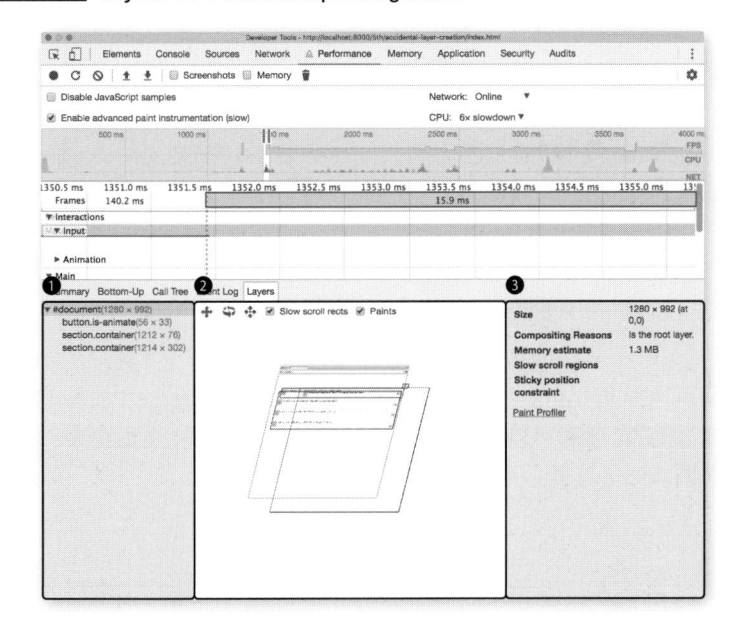

　ここではコンテナ要素の Compositing Reasons(Compositing の対象になった理由)に「Might overlap other composited content.」と「Layer was separately composited because it could not be squashed.」が挙げられています。これらは、Compositing 対象の要素である Like ボタンが重なっていることと、何らかの理由でレイヤをまとめることができなかったので個別に Compositing されていることを説明しています。Compositing Reasons を見れば、その要素が巻き込まれた理由を見つける手がかりになるでしょう。

改善方法

　前述のとおり無関係な要素が Compositing の対象として巻き込まれると、GPU への転送コストが増加してレンダリングの速度が低下します。問題の要素さえ発見できれば、その要素を Compositing に巻き込まれないよう調整すれば改善されます。

スタッキングコンテキストの衝突回避

　ある要素に Compositing が有効になると、同じスタッキングコンテキスト[注5]にある要素を区別なく巻き込んで転送してしまいます。

　図5.5の例では各要素に position: relative が指定されていたことでスタッキングコンテキストが同じレベルに生成された結果、そのうちの1つに Compositing が適用されるたびに、ほかの要素も巻き込まれていました。これを解決するには、単純に position: relative を外すか、z-index プロパティでスタッキングコンテキストを押し上げるなどの方法があります。

Compositing 対象要素の整理

　要素が Compositing の対象になるトリガは、レンダリングエンジンの実装によっても異なります。たとえば本書執筆時点の Chrome で使われている Blink だと、直接の理由としては次のような条件を満たした要素があると合成レイヤを生成します。

注5　要素の位置や z-index などで決まる要素の重なりのことです。

- `transform: translate3d()` のような3D系 `transform` の指定時
- `will-change` の指定時
- `backface-visibility: hidden` の指定時
- `position: fixed` の指定時
- **CSS Animations が有効なとき**
- **CSS Transitions が有効なとき**
- **`<video>`、`<iframe>`、`<canvas>` が動作しているとき（一部条件あり）**
- **Flashなどのプラグイン技術が動作しているとき**

　直接の理由以外にも、Compositingが適用された要素を子要素として内包していたり、Compositingが適用された要素の上にかぶさっている要素であったり、いろいろな条件でCompositingの対象となる可能性があります。要素間の親子関係とレイアウト上のかぶさりに気を付けながら、Layersパネルを慎重に調査して整理していくとよいでしょう。

5.4
アニメーションの調査と改善

　本章の最後として、アニメーションの調査と改善の方法について説明します。もちろんペイント処理やレイアウト算出もアニメーション処理に関係しますが、ここでは特にアニメーション固有のケーススタディとして、より滑らかなアニメーションを実現するためのノウハウを紹介します。

調査方法

　調査は、PerformanceパネルによるFPSの確認とアクティビティの記録、Compositingが適用されているかどうかを確認するためのドロワー内のRenderingタブのLayer Bordersによる可視化を組み合わせて行います。アニメーションのFPS維持は特にシビアですので、スクリプトアニメーションの場合はスクリプト処理自体の軽量化も求められます。ただ、スクリプト処理の最適化は個別事例によってもブラウザによっても結果が変わりや

すいので、ここではどんな事例にも当てはまるポイントを見ていきます。

▌ 開始時の遅延 —— Compositingの初期化コスト

アニメーションの開始時に遅延が見られる場合は、アニメーションの開始に伴う何らかの初期化動作が遅延をもたらしていることが疑われます。特にスペックで劣るデバイスで再現しやすいということであれば、Compositingがアニメーション開始前から適用されているかを確認してみましょう。

前章で述べたとおりCompositingはスムーズなアニメーションを実現するために有効で、ブラウザはこれを賢く活用しようとします。たとえば本書執筆時のChromeでは transition プロパティで transform: translateX() をアニメーションさせようとするとき、translateX() 関数は3D操作を必要とする指定ではないのでアニメーションする前はCompositingされず、アニメーション開始時にCompositingが適用されます。通常はこれで十分です。

ところが事前に有効になっていない限り、Compositingの初期化処理はアニメーション開始時まで行われないため、その実行環境にとって初期化が極端に重い処理であった場合、アニメーション開始時の遅延につながる可能性があります。スタイルの指定やJavaScriptによる制御で明示的にCompositingを利用する場合も、指定のしかたによってはアニメーション中のみCompositingが有効になっている状況は発生し得るでしょう。

アニメーションの開始に遅延が見られるときは、4.3節で紹介したドロワー内Renderingタブの Layer Borders でCompositingの適用タイミングを確認しつつ、Performaneパネルでアニメーション開始時に発生しているアクティビティに重い処理がないかを確認してみるとよいでしょう。

▌ 再生中の遅延 —— フレーム処理のタイミング

動作中のFPSが低い場合に考えられる原因の一つとしては、スクリプトアニメーションである場合、フレームごとの処理が遅延している可能性があります。

昔から使われている方法で、次の例のような setTimeout() や setInterval() メソッドを利用したアニメーションがあります。ここでは1,000ミリ秒を60フレームで割って、およそ16.7ミリ秒ごとに表示内容を

更新しています。

```
タイマーアニメーションの単純制御
const fps = 60;
function draw() {

  /* 要素の位置更新などのアニメーション処理 */

  setTimeout(draw, 1000 / fps);
}
draw();
```

　setTimeout()メソッドはほかのさまざまな処理に割り込まれて、コールバック関数(例ではdraw()関数)の実行とそれに伴うレンダリング処理が遅延してしまうことがあります。また、表示速度というわけではありませんが、実行中のページがバックグラウンド待機しているときにも実行されるため、CPU時間やバッテリを浪費してしまう欠点もあります[注6]。

　次の例のように16.7ミリ秒よりも十分に高い周期で表示更新のループを回したうえで、経過時間や現在のフレーム位置をもとにFPSを管理して精度を高める手法もありますが、タイマーの精度がそこまで高くないこともあり、決定的な解決にはなりません。先に挙げたバッテリ消費が早まる欠点も強まってしまいます。

```
タイマーアニメーションのFPS制御
const fps = 60;
const msPerFrame = 1000 / fps;
let latestDrawTime = 0;
function draw() {
  const now = performance.now();
  if (now - latestDrawTime > msPerFrame) {

    /* 要素の位置更新などのアニメーション処理 */

    latestDrawTime = now;
  }
  setTimeout(draw, 4);
}
draw();
```

注6　最近では、バックグラウンド待機中はsetTimeout()やsetInterval()メソッドの実行優先度を下げてデバイスのリソースを使いすぎないに配慮しているブラウザもあります。

　スクリプトアニメーションでは、これらの実行時における処理タイミング
のゆらぎが、アニメーションのスムーズな再生を阻害する可能性があります。

　アニメーション再生中に遅延が見られる場合は、Performanceパネルで
再生中のFPSを確認したり、記録されたアクティビティから表示更新用コ
ールバック関数（例ではdraw()関数）の実行タイミングとその間隔を確認し
てみたりするとよいでしょう。次の例のように2.3節で紹介したUser Timing
APIを利用すると、Performanceパネル上のUser Timingセクションに関
数の実行タイミングと所要時間が**図5.6 ❶**のように可視化されるので、た
くさんのイベントが発生している場合でも探し出しやすくなります。

```
User Timing APIを使ったアニメーションの処理時間の計測
function draw() {
  // 計測開始
  performance.mark('draw-start');

  /* 要素の位置更新などのアニメーション処理 */

  // 計測終了
  performance.mark('draw-end');

  // 開始〜終了の所要時間を記録
  performance.measure('draw', 'draw-start', 'draw-end');
}
```

図5.6　　**User Timing APIによるアクティビティの可視化**

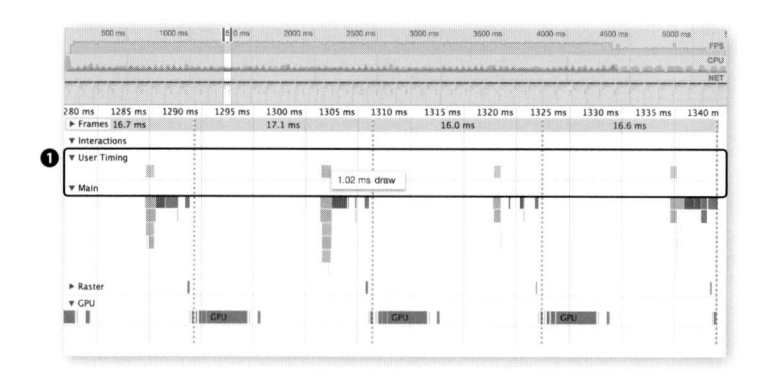

▌改善方法

　アニメーションの開始時と再生中で想定される原因に違いはありますが、今回紹介した調査ポイントに基づくと、確実にCompositingを適用することとスクリプト処理の実行タイミングを調整することが有効です。

▌Compositingの有効化 —— will-changeプロパティの適用

　前章で紹介したwill-changeプロパティを指定すると、ブラウザは対象の要素をCompositingしてアニメーションに備えるので、その要素が表示された瞬間にCompositingの初期化コストは支払われます。Compositingの初期化コストに起因する開始時の遅延は、これだけで解消するでしょう。

　理想を言えば、Compositingが必要ないときにはwill-changeプロパティを適用せずGPUのメモリを節約し、アニメーションの開始前に、ラスタライズとGPUへのテクスチャ転送が行われるのに十分な時間を確保しつつ適用されるべきです。しかし、ユーザーアクションをトリガにしたアニメーションなど、いつ再生されるかがわからないアニメーションも多いでしょう。そういったアニメーションでも再生指示があれば即座に再生されてほしいものですし、will-changeプロパティ自体の適用を細かく制御することには実装上の煩雑さもあります。よって、変化が予想される要素には、ページ表示時からwill-changeプロパティが適用されている状態になっていてもよいでしょう。

　will-changeプロパティによってブラウザはCompositingをはじめとした賢い最適化を行ってくれますが、何らかの初期化コストが発生することは変わらず、適用する要素が多いほどコストも大きくなり、別の副作用を引き起こす可能性があることには変わりありません。必要な要素に対してのみ適用し、濫用はしないようにしましょう。

▌フレーム処理の精度向上 —— requestAnimationFrame()メソッドの利用

　setTimeout()メソッドによるスクリプトアニメーションが安定しない場合は、requestAnimationFrame()メソッドを代わりに使うと精度が向上し、他処理の割り込みによる遅延の可能性も大きく低減できます。requestAnimationFrame()メソッドはブラウザが次のフレームのレンダリ

ングが可能になったときに呼び出されます。そのため、ほかの処理に割り込まれてフレームのレンダリングに必要なコールバック関数の呼び出しが遅延することもなく、適切なタイミングで呼び出してくれるので、過度な周期でコールバック関数を呼び出す必要もありません。通常は60FPSを目指すようにコールバック関数が呼び出されるはずです。

　次のコードは requestAnimationFrame() メソッドのフォールバックに setTimeout() メソッドを使った Polyfill の例です。近年のブラウザではベンダープレフィックスなしで requestAnimationFrame() メソッドを利用できますが、setTimeout() メソッドを利用した処理との読み替えとして参考にしてください。

```
requestAnimationFrame()メソッドのPolyfill
const requestAnimationFrame = (() => {
  return
    requestAnimationFrame       ||
    webkitRequestAnimationFrame ||
    mozRequestAnimationFrame    ||
    msRequestAnimationFrame     ||
    oRequestAnimationFrame      ||
    callback => {
      setTimeout(callback, 1000 / 60);
    };
})();

function draw() {

  /* 要素の位置更新などのアニメーション処理 */

  requestAnimationFrame(draw);
}

draw();
```

　requestAnimationFrame() メソッドを使っていても、レンダリングの準備そのものを阻害するような大きい処理がUIスレッドをブロッキングしてしまうと、アニメーションが遅延してしまうので注意してください。あくまで次のフレームのレンダリング準備が整ったときに呼び出してくれるだけであり、どんな状況でも60FPSを保証してくれるというAPIではありません。

　ちなみに、再生中の遅延で考えられるもう一つの理由はCompositingの適用漏れです。ブラウザがどのようなシチュエーションでCompositingを適用するかはブラウザごとに差異があるので、確実に適用したければwill-changeプロパティのようなCSSを指定しておくほうが安全です。ただ繰り返しになりますが、必要のない要素に適用することは望ましくないので、ブラウザの挙動を確認したうえで可能な限り最小限の適用範囲を心がけてください。

5.5
まとめ

　レンダリング処理は、Performanceパネルを使えば何が発生しているか詳しく読み取れるようになっています。最近だと、直接レンダリングに関係がないライブラリやフレームワークによる何らかの変更差分を検知、算出するような処理が、裏で1フレーム内の処理を圧迫しているケースも見られます。1.4節でも述べましたが、まずは計測して何が起こっているのかを把握してから、落ち着いて解決していきましょう。

第**6**章

スクリプト処理の基礎知識

　スクリプト処理とは、JavaScriptの実行に関連する部分を指します。JavaScriptの利用が広まりSPAに代表される複雑な実装も増えてきた昨今、スクリプト処理について潜在的な問題を抱えていることも少なくありません。

　本章ではスクリプト処理の改善について必要な前提知識と、JavaScriptのプロファイリングの方法について順を追って解説します。

6.1
あらゆるブラウザ処理に関わるJavaScriptの実行

　スクリプトの実行を含むさまざまなブラウザ処理はメインスレッドで行われ、並列ではなく直列に実行されます。そのためスクリプトが実行されると、ほかの処理はブロックされ、ページロードやランタイムの遅延に直結します。スクリプト処理の実行速度や頻度はネットワーク処理やレンダリング処理を含めた性能全体に影響する要因です。

ページロードにおけるスクリプト処理

　2.2節でクリティカルレンダリングパスについて説明したとおり、スクリプト処理はページロードにおいても重要な要素の一つです。JavaScriptファイルはダウンロードだけでなく評価するコストが発生しますし、スクリプトの実行を伴えば処理時間がそのままページロードの遅延につながります。

　SNSのプラグインやGoogle Analyticsの解析スクリプトといったクリティカルレンダリングパスに関係しないサードパーティのスクリプト処理であれば、非同期で実行することでレンダーツリーの構築をブロックせずに済みますが、CPUへの負荷がなくなるわけではありません。発生するスクリプト処理の重さによっては、ページロードへの影響も無視できないでしょう。

ランタイムにおけるスクリプト処理

　ブラウザには近年、高度なグラフィック表現などさまざまな機能が追加されており、それらのAPI実行を担うJavaScriptの重要性は増しています。

また、Webアプリケーションの実装方法も複雑化が進んでおり、スクリプト処理が占める割合は高まる一方です。特にSPAでは、画面の更新や状態の保存といったあらゆる処理をブラウザ上のJavaScriptで実行することになるので、ランタイムの使い心地に直結するFPSやUIの応答性は、スクリプト処理をいかに効率良く実行するかにかかっています。

それだけではありません。JavaScriptのメモリ管理はレンダリングエンジンに含まれるJavaScriptエンジンによって自動で行われますが、それもスクリプト処理としてメインスレッドを占めますし、メモリを使いすぎればブラウザの動作そのものを不安定にします。

6.2
スクリプト処理の基本

実行するデバイス性能の向上や、JavaScriptエンジンの最適化も確実になされているとはいえ、ブラウザに負担をかけないWebを作っていくうえでスクリプトの最適化は欠かせないところです。

では、スクリプト処理の改善には何が必要でしょうか。

スクリプト処理最適化の基本指針

スクリプト処理を最適化するときの基本指針は、

- **UIブロッキングにつながる長大な処理を避ける**
- **メモリリークを回避し、メモリを節約する**

の2つです。

UIブロッキングにつながる長大な処理を避ける

JavaScriptで大量の要素を一度に扱うなどの長大な処理は、処理の複雑性やクライアント環境のCPU性能にもよりますが、しばしば100ミリ秒を超えることすらあります。それによってメインスレッドを占有してしまうことは好ましくありません。これを避けるためには、処理そのものを軽減

するのはもちろん、処理単位の分割や非同期化などが必要になります。

メモリリークを回避し、メモリを節約する

　詳細は後述しますが、メモリリークがある状態は望ましくありません。Webの場合はページを遷移するごとにメモリが解放されるため、問題にならないこともあります。しかし、SPAのようにメモリを解放しないまま同一プロセスで動作し続ける場合は確実に問題になるうえに、SPAのようにJavaScriptによる実装の複雑性が高いほどメモリリークは発生しやすいので注意が必要です。

　また、メモリリークがなくても、メモリを使いすぎてWebページの動作に支障が生じているようであれば、メモリの使用量自体を節約することも検討しなければならないでしょう。

重いスクリプト処理とUIブロッキング

　4.2節で解説したように、レンダリングの性能はFPSという単位で表され、Webページでは60FPSが目指すべき値です。60FPSを維持するには1フレームの処理をおよそ16.7ミリ秒に収める必要があり、1フレーム内ではスクリプトの実行、レイアウト、ペイントといったさまざまな処理が行われています。

シングルスレッドで行われるブラウザ処理

　重いスクリプトが実行されると、その間レンダリング処理を行うことができず、ブラウザは60FPSを維持できなくなります。レンダリング処理が遅延するだけでなく、ユーザーアクションに対する応答処理などもブロックされるため、UIのスムーズさは失われます。

メモリリークとGC

　メモリリークとGC（*Garbage Collection*）[注1]もスクリプト処理を構成する重

注1　実行上必要なくなった割り当て済みのメモリを探して解放する機構のことです。

要な要素です。

┃ ブラウザのメインスレッドを占有するGC

GCはメモリ容量が低下したときにJavaScriptエンジンによって自動で実行されます。GCをJavaScriptから明示的にコントロールする術はありません。GCも1フレーム内で行われる処理に含まれるため、解放するメモリが大量にあると、与える影響が大きくなります。メモリリークしているメモリが多ければ、メモリ領域を確保するためにGCが頻発してしまいます。

効率が良くメモリリークもないスクリプト処理が重要なのは言うまでもありませんが、すでに発生してしまった問題を特定するために、メモリリークとGCを把握するノウハウも必要になってきます。

┃ GCによって解放されないメモリ

JavaScriptのメモリはJavaScriptエンジンによって自動で管理されます。実行時に自動でメモリが確保され、必要なくなると自動で解放されますが、JavaScriptの記述によっては解放されずにメモリリークしてしまうことがあります。これはメモリ容量の低下を招き、実行速度の低下はもちろん、ブラウザのクラッシュまで引き起こす可能性があります。

┃ 世代別GCのしくみ

ChromeのJavaScriptエンジンであるV8のガベージコレクタは、世代別GCというモデルを採用しています。世代別GCでは、メモリの領域が新世代と旧世代の2つに分かれています。

メモリのやりとりはまず、新世代のヒープ領域[注2]に対して行われます。スクリプト処理の実行とともにメモリの確保と解放が繰り返されますが、利用頻度が高い（またはプログラムの記述によって意図せず参照され続ける）メモリは解放されずにヒープ領域に残り続けます。これの繰り返しによってメモリが十分に古くなると、GCの対象となる可能性が低いと判断され、旧世代ヒープに移されます（**図6.1**）。

世代別GCでは通常、新世代のヒープ領域に対するGCが実行され、旧世

注2　動的に確保が可能なメモリ領域のことです。

代ヒープ領域に対しては行われません。メモリが枯渇してくると旧世代ヒープへのGCが実行されますが、これには新世代ヒープへのGCも伴い、よりGC実行のインパクトは大きくなります。

　世代別GCではこのように、ヒープ領域に存在するメモリを仕分けすることでメモリスキャンのコストを小さくしています。そのため、旧世代ヒープ領域が肥大化すると、それだけメモリ枯渇時に実行されるGCによる停止時間が長くなります。

6.3
スクリプト処理の調査と計測

　スクリプト処理を調査および計測するには、DevToolsのPerformanceパネルとMemoryパネルを使います。スクリプトの実行状況を計測するにはPerformanceパネルを、ブラウザ内部のメモリ状態を解析するにはMemoryパネルを用います。Performanceパネルの概要については、4.3節を参照してください。

　Memoryパネルは**図6.2**のようになっています。Memoryパネルでは次の3種類の解析を実行することで、詳細なCPUやメモリの状態を調べられ、実行結果は左カラムに保存されます（図6.2❶）。

- **Take heap snapshot（図6.2❷）**
  ヒープ領域のスナップショットを取り、存在しているDOMノードやJavaScriptのオブジェクトが占めているメモリの状態を解析する

図6.1	世代別GC

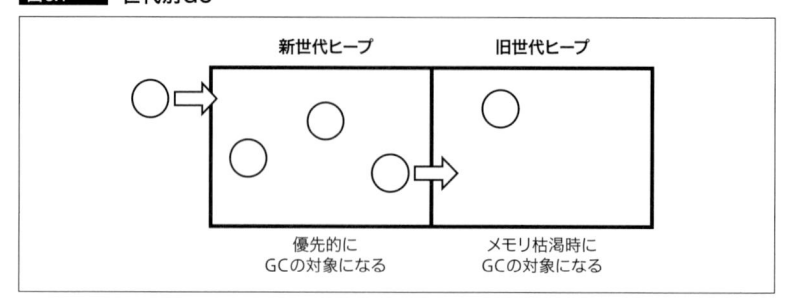

- **Record allocation profile（図6.2❸）**
  JavaScriptのオブジェクトがヒープ領域に割り当てられるときにかかった時間を計測する
- **Record allocation timeline（図6.2❹）**
  JavaScriptのオブジェクトのメモリの推移を計測する

　なお、開いているページでService Workerという技術が使われている場合は、メインウィンドウのスクリプト処理を解析するか、インストールされているService Workerを解析するかの選択肢が表示されます。Service Workerについては9.1節で詳しく説明します。

スクリプト処理のプロファイル

　まずは、実行に時間がかかっているスクリプト処理を詳しく解析しましょう。Performanceパネルで計測を開始すると、終了までにページで実行されたJavaScriptの実行時間が集計されます。この計測の開始および終了

図6.2　Memoryパネル

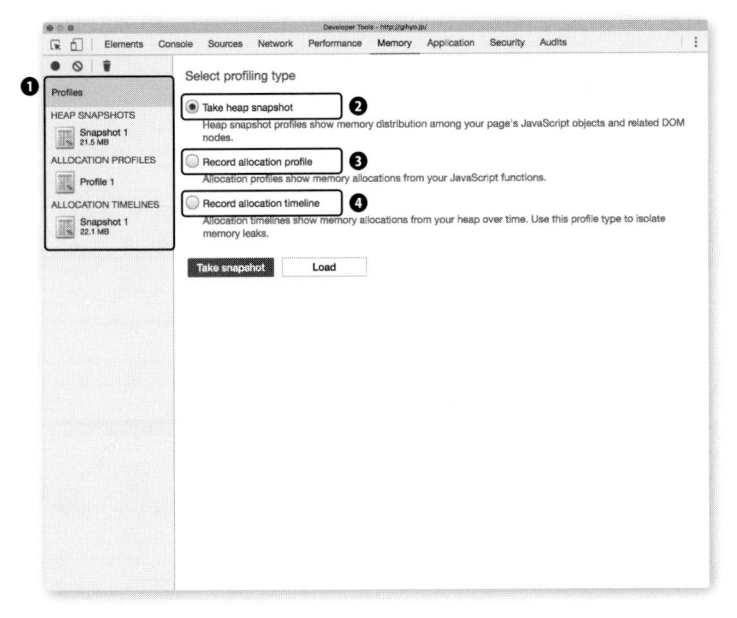

は、Windows と Linux であれば Ctrl+E、macOS であれば Command+E を押下することで実行できます。

　計測が完了すると、スクリプト処理を含むさまざまなブラウザ処理の実行状況が Performance パネルの Main セクションに記録されます（**図 6.3 ❶**）。スクリプト処理は黄色いバーで表示され、これを選択すると下部に詳細なプロファイルが表示されます（図 6.3 ❸）。プロファイルは図 6.3 ❷のタブから、次の 4 つの方法で表示できます。

- **Summary**
  選択したスクリプト処理の実行そのものや、付随する処理に要した時間などの概要

- **Bottom-Up**
  選択したスクリプト処理に含まれる、処理に時間を費やしている順にソートした処理リスト

- **Call Tree**
  選択したスクリプト処理に含まれる、呼び出し関係を反映したツリー構造での処理リスト

図6.3　Performance パネルのプロファイル結果

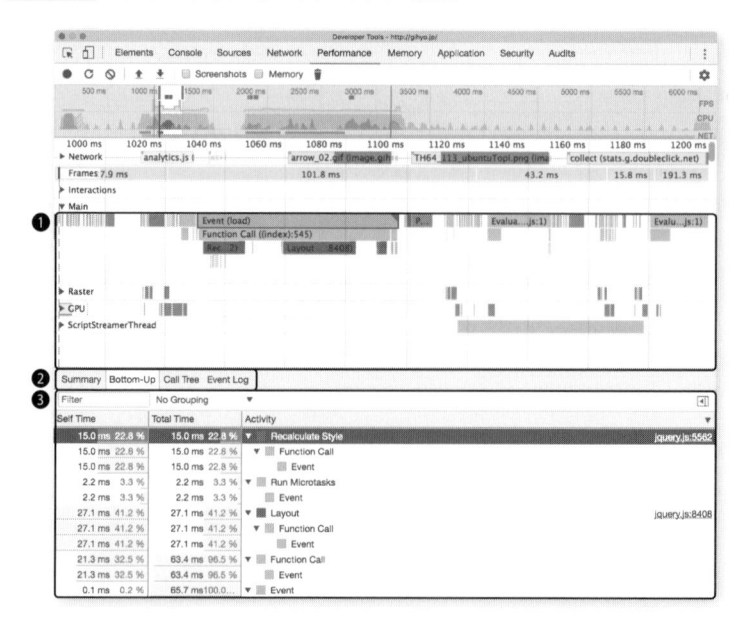

- **Event Log**
  選択したスクリプト処理および付随する処理の開始時間や所要時間

スクリプト処理のフレームチャート

Mainセクションにはスクリプト処理を含むプロファイルの結果を時系列でグラフ化します（**図6.4**）。計測中に、どのタイミングでどういった処理が発生したかを得ることができます。呼び出し元の関数から順に下方に向けてスタックされていくので、関数の実行がチェインしている数が多いほど下に長く積まれ、またグラフが横に長いほど時間がかかっています。

これらの情報によって、CPUに負荷をかけているスクリプト処理を解析し特定できます。

時間を要しているスクリプト処理

Bottom-Upではスクリプト処理が、実行にかかった時間でソートされます（図6.3 ❷）。関数の呼び出し関係を考慮せず、重い処理を単純に知りたい場合はBottom-Upで可視化できます。Call Treeによる表示は、呼び出し関係に基づいてツリー構造で表示されるので、関数の呼び出しが複雑にネストしている場合はこちらのほうが見やすいです。状況に応じて使い分けが必要になるでしょう。

図6.4　　Performanceパネルのプロファイル結果のMainセクション

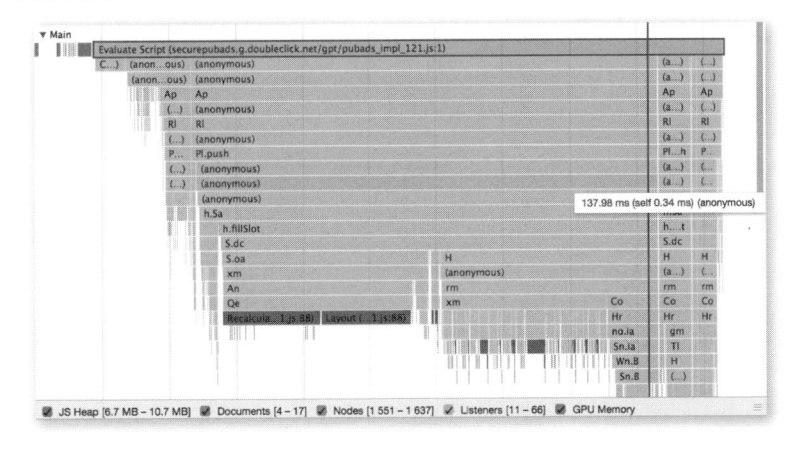

┃ ヒープ領域のスナップショット

次は、Memoryパネルでヒープ領域を解析していきましょう。Memory
パネルのTake heap snapshotを選択しTake Snapshotボタンを押下するか、
WindowsとLinuxであればCtrl+E、macOSであればCommand+Eを押下す
ることで、クリックした時点のヒープ領域のスナップショットが記録され
ます。

記録されたスナップショットはパネル左のHEAP SNAPSHOTSセクショ
ンに追加されます（**図6.5 ❷**）。スナップショットは、図6.5 ❶のセレクトボ
ックスにある次の選択肢から表示を切り替えられます。

- **Summary**
  オブジェクトが占めるメモリの総容量を、コンストラクタ名でグルーピングし
  た一覧

- **Comparison**
  選択中のスナップショットのほかのスナップショットとの比較

図6.5　　**ヒープのスナップショットのSummaryビュー**

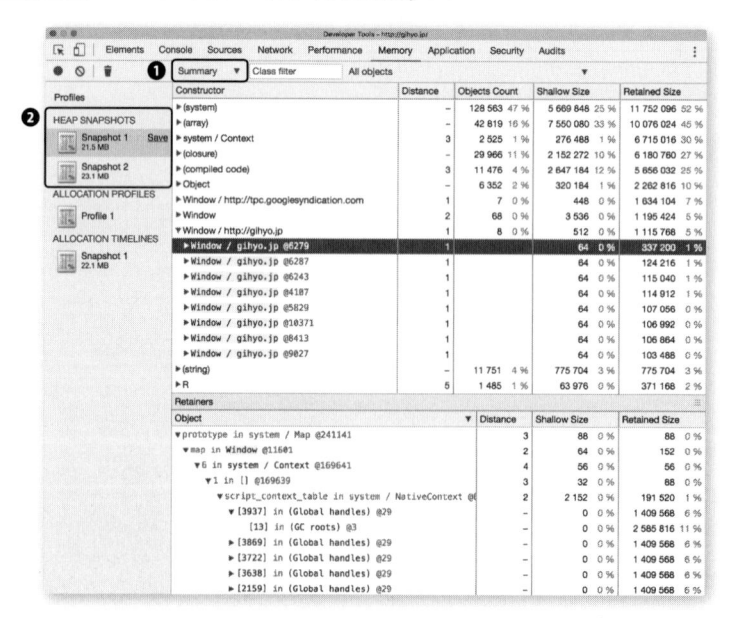

- **Containment**
  グローバルに存在するオブジェクトのツリー構造

- **Statistics**
  ヒープ領域全体に占める JavaScript の各データの円グラフ

▌ ページに存在するJavaScriptオブジェクトの一覧

存在しているオブジェクトの一覧は、Summary ビューあるいは Containment ビューで確認できます。

▌ オブジェクトとそれが参照しているオブジェクトも含めたメモリの比較

JavaScript で確保されるメモリは、そのオブジェクトそのもののメモリサイズ（Shallow Size）とほかのオブジェクトへの参照によって確保されるメモリのサイズ（Retained Size）の2つで表現されます。

文字列オブジェクトを例に挙げましょう。文字列が宣言されれば、文字の数に比例してメモリが確保されるのは想像が付くと思います。しかし実際には、その文字列をレンダリングする際に必要なメモリの確保も行われるなど、JavaScript のコードレベルでは意識しない処理も行われます。このとき文字列のために確保されたメモリは Shallow Size、それに付随して発生するメモリは Retained Size に計上されます。

小さなオブジェクトであっても、大きなオブジェクトへの参照が残っているがゆえに、その大きなオブジェクトが GC によって解放されないということもあります。この場合、小さなオブジェクトがメモリを潜在的に占めていることになり、これも Retained Size に計上されます。

確保しているメモリサイズの大小だけではなく、参照関係によって引き起こされるメモリリークも少なくありません。

▌ オブジェクトの参照ツリー

一覧中のオブジェクトを選択すると、下にある Retainers パネルに、そのオブジェクトを参照しているオブジェクトの一覧が表示されます（**図6.6 ❷**）。Retainers パネルに何も表示されない場合、どこからも参照されていないことを意味し、GC による破棄の対象になります。

各オブジェクトの Distance カラム（図6.6❶）に表示されている値は、オ

ブジェクトのルートから数えた参照の数です。Containment ビューではル
ートに存在するオブジェクトからツリー状に表示するので、Distance が何
を指しているかを理解しやすいです。Distance の値が大きいほど深い参照
を保持していることになり、Retained Size も膨らんできます。極端に
Retained Size の値が大きいものがある場合は、オブジェクトを浅い位置に
移すことも検討すべきでしょう。

█ メモリのスナップショットどうしの比較

Comparison ビューでは、スナップショットどうしを比較し、追加、削除
されたオブジェクトの数や解放されたメモリのサイズ、オブジェクトやメ
モリのサイズの前後値などを見ることができます（**図6.7**）。スクリプト処
理の経過観察を行うことで、どのタイミングでメモリが増加しているのか
や、メモリ使用量が増加し続けている慢性的なメモリリークの特定に役立
ちます。

図6.6　　ヒープのスナップショットのContainmentビュー

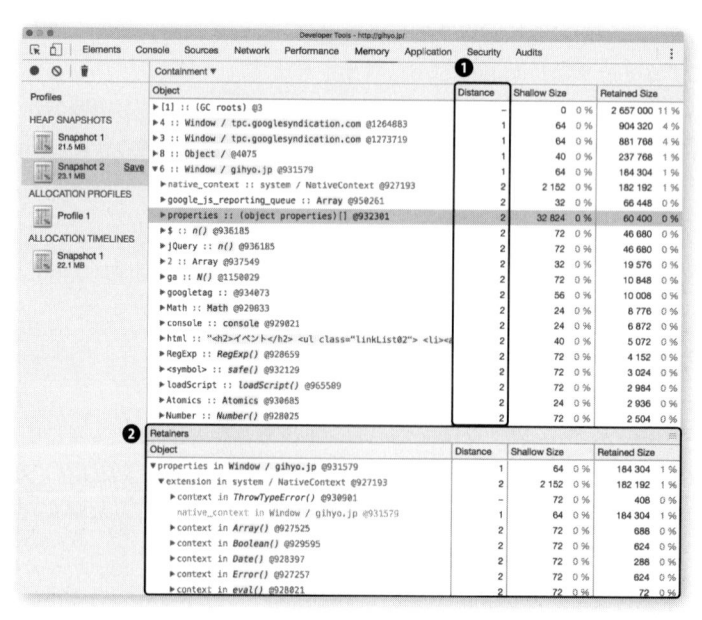

ヒープ領域の状態の時系列での解析

スクロールやクリックなどの閲覧時を想定したスクリプトの実行状態を解析するには、スナップショットではなく、タイムラインとして計測したほうが便利です。

ヒープ領域のタイムラインは、図6.2❹のRecord allocation timelineを選択し、StartボタンをクリックでWindowsとLinuxであればCtrl+E、macOSであればCommand+Eを押下することで計測が開始されます。計測を終了するにはStopボタンをクリック、または再度ショートカットキーを押下してください。計測が完了すると、ProfilesのALLOCATION TIMELINESのセクションに計測結果が追加されます。

スクリプト実行に伴うメモリ状態の変化

Record allocation timelineによって取得される情報はスナップショットの連続値に等しいため、ビューの切り替えもほぼ同様にSummary、

図6.7　　　ヒープのスナップショットのComparisonビュー

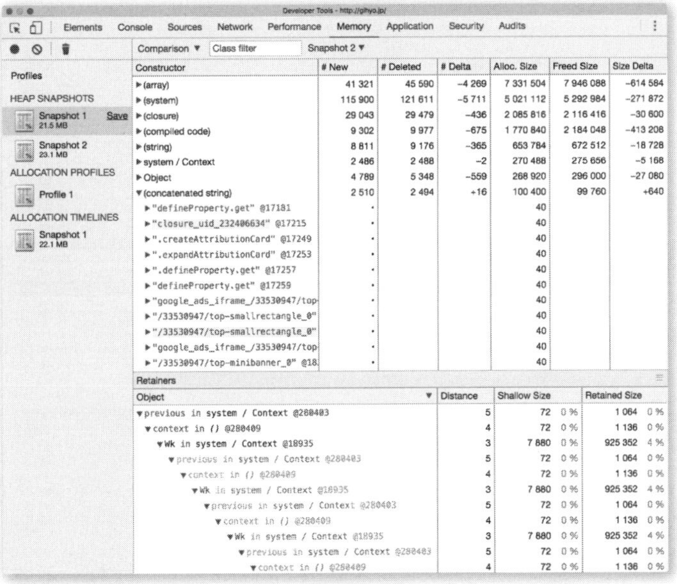

Containment、Statistics が用意されています。Summary ビューは**図6.8**のように表示されます。

　異なる点として、Summary ビューには横軸を経過時間にとったメモリのグラフが表示されます（図6.8❶）。4.3節で説明した Performance パネルの使い方と同様に、表示データを時系列でフィルタできます。

▍時間の経過とオブジェクトの推移

　図6.8❶のグラフには、色付きのバーとグレーのバーの2種類が存在します。色付きバーは計測中に確保されたメモリを表し、バーが高いほど多くのメモリがアロケート注3されていることになります。グレーのバーもメモリを表しますが、これはGCによって解放されたメモリであることを意味します。

　計測中にタイムラインを見ていると、色付きのバーが出現し、順にグレ

注3　実行に必要なメモリ領域を確保することです。

図6.8　　ヒープ領域のタイムラインのSummaryビュー

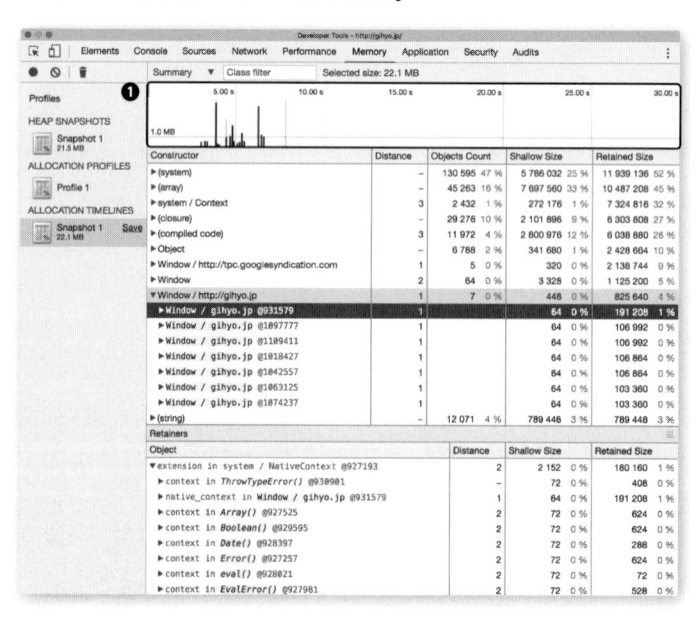

ーになっていく様子がわかります。Performanceパネルで表示されるメモ
リのグラフは確保されているメモリの推移を表しますが、Memoryパネル
の Allocation timeline ではヒープでメモリが確保、解放される様子が可視
化されます。

▌ 解放されないメモリと世代別GC

一般的には、時間の経過とともに古いメモリから解放されます。時間が
経過しても残っている色付きのバーはメモリが解放されていないことを意
味します。オブジェクトプールなどを用いて静的にメモリを管理している
場合は除きますが、意図せずメモリが積み上がっている場合はスクリプト
の不具合を疑うべきでしょう。

6.4
▌ まとめ

Webのクライアントサイドは複雑化の一途をたどるとともに、スクリプ
ト処理の占める比重はますます高まっています。メインスレッドを専有し
ユーザー体験を妨げ得る重要な要素として、ブラウザにおけるスクリプト
処理に関する理解を深めておきましょう。

第7章

スクリプト処理の調査と改善

　スクリプト処理の改善は、レンダリング処理と同様にWebページの動きのスムーズさに影響するだけでなく、Webページの安定性にも関わってきます。JavaScriptに関する細かいプロファイリングをもとに、どのように処理をチューニングしていくかがポイントです。

　本章ではレンダリング処理に関する問題の調査方法と、問題が認められた場合の改善方法について具体的な例をもとに解説します。

7.1
重いスクリプト処理の調査と改善

　スクリプト処理を実行している間、ブラウザはほかの処理ができません。そのため、処理に極端に時間のかかるスクリプトは60FPSの維持に影響します。

　JavaScriptエンジンの性能が向上し処理速度が上がっても、シングルスレッドで実行されるという言語特性は避けて通れません。

調査方法

　Performanceパネルを使ってスクリプトがブラウザの処理をどの程度占めているか、そしてFPSに影響しているかを調査しましょう。

ボトルネックになっているスクリプト処理

　Performanceパネルを開いて、対象のページを計測してみましょう。**図7.1❶**はスクリプトの実行によって1フレームの処理が長引き、60FPSを維持できなくなっている例です。長くなっているグラフをクリックすると、そのフレームで発生した処理が下に一覧表示されます。

　この場合はloadイベントで実行されるハンドラの処理が図7.1❷にあるように138.52ミリ秒と長く、16.7ミリ秒を超えていることがわかります。Performanceパネルによるデバッグで、何をきっかけに行われるスクリプト処理がどのくらいの負荷になっているかをおおよそ特定できます。

1フレームに占めるスクリプト処理

現在表示しているフレーム中に占める処理の比率は、DevTools下部の Summary タブに表示されます。フレームをクリックすると、フレーム内の処理比率が Aggregated Time として表示されます（図7.1❷）。

load イベントの処理ではスクリプト処理だけでなく、ネットワークやレンダリングに関わる処理も行われていますが、図7.2では1フレームの実行時間が全体で65.63ミリ秒であるのに対し、スクリプト処理に48.5ミリ秒かかっており、特に長くなっています。

重い処理

Bottom-Up タブを見れば、選択したスクリプト処理に含まれる重い処理を調べることもできます（**図7.2❶**）。より詳しいスクリプトの実行状態を得ることができるので、FPSの低下が目立つタイミングを把握し、そのタイミングを再度プロファイルするとよいでしょう。プロファイル方法は、6.3節の「時間を要しているスクリプト処理」をご覧ください。

図7.1　　　**スクリプト処理によるFPSの低下**

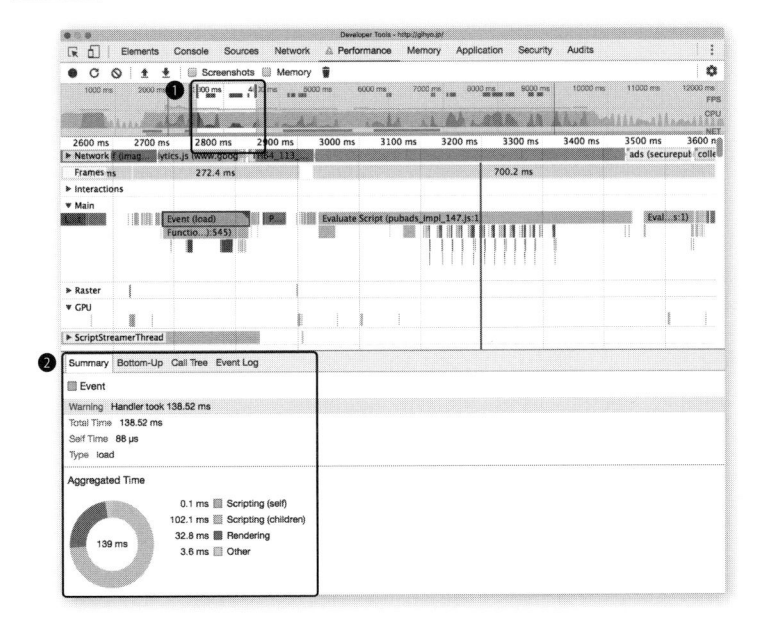

改善方法

　CPUのプロファイルで、どの処理の実行に時間がかかっているかを特定できるので、その処理内で行われているスクリプト処理を最適化してください。

非同期化による処理実行の並列化

　ブラウザ内部で行われる処理は一般的にシングルスレッドです。キューに積まれた通信、レンダリング、スクリプトの実行といったさまざまなメッセージ（処理）を、イベントループで監視し順に実行します。たとえば、一連のスクリプト処理にDOMの操作に加えて重い処理を含んでいると、表示上の反映が遅れることがあります。この場合、HTMLを更新したあとただちにレンダリング処理が行われブラウザへ反映されるほうが、ユーザーにとっては良い体験と言えます。

　次の例では❶の「おはようございます」という文字列を参照し、❷で「こん

図7.2　　時間を要しているスクリプト処理の詳細

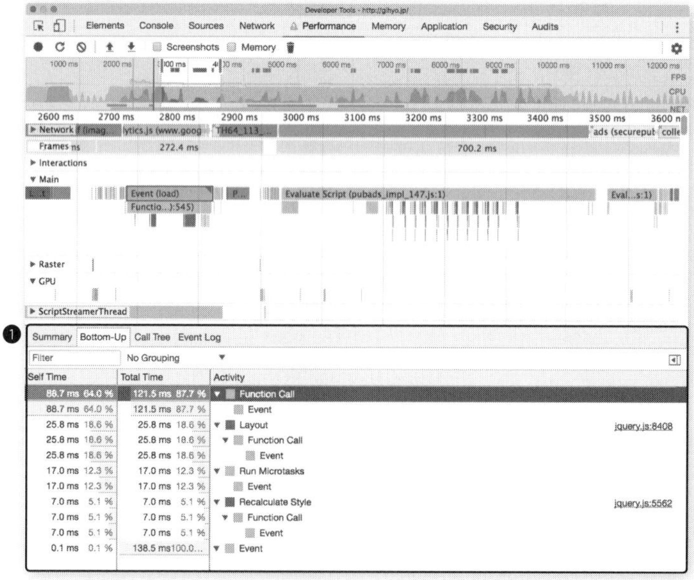

にちは」に更新しています。しかし、直後に大量のループ処理❸がブラウザ
のメインスレッドを専有してUIに関する処理を妨げ、「こんにちは」という
表示への更新を遅らせる可能性があります。

```
重い処理によるHTML更新の遅延
<div id="target">おはようございます</div> …❶
<script>
const div = document.querySelector('#target');
div.textContent = 'こんにちは'; …❷

for (let i = 0; 0 < 1000; i++) { …❸
  console.log(`i=${i}`);
}
</script>
```

　これを解決する手段の一つに、処理の非同期化があります。対象の処理
を同期的に実行せず、setTimeout()メソッドなどを使ってキューに追加す
ることで、控えている処理の実行を促す疑似的なものです。setTimeout()
メソッドのコールバック関数は、イベントループ中に指定ミリ秒が経過し
ている場合にメッセージとしてキューに積まれます。先ほどのループ処理
をsetTimeout()メソッドを使って非同期化してみます（❹）。

```
setTimeout()メソッドを使った重い処理の非同期化
<div id="target">おはようございます</div>
<script>
const div = document.querySelector('#target');
div.textContent = 'こんにちは';

setTimeout(() => { …❹
  for (let i = 0; 0 < 1000; i++) {
    console.log(`i=${i}`);
  }
}, 0);
</script>
```

　ブラウザのスクリプト処理において、このような非同期化は実はすでに
さまざまなところで使われています。DOMイベントやXMLHttpRequestの
コールバック関数がそれにあたりますが、setTimeout()メソッドと同様に
キューへのメッセージ追加によって行われます。

▌ throttle()、debounce()関数による実行間隔の間引き

scrollやresize、keydownなどの短い時間で大量に発生するイベントや、間隔の短いタイマー内で重い処理を実行しているケースにも注意が必要です。特にDOMの操作を伴う場合は、画面のチラつきやレイアウト処理を招いていることも多いでしょう。

まずは、その処理を高頻度に実行する必要があるかどうかを見なおしてください。間引いても差し支えなければ、throttle()やdebounce()関数で実行間隔を調整できます。throttle()関数は連続する処理を一定時間のうち実行を一度までに抑え、debounce()関数は連続している処理が終了してから一定時間が経つと一度だけ実行します（**図7.3**）。これらを実装しているライブラリとしてはLodash[注1]が代表的です。

```
┌─ throttle()とdebounce()関数を使った処理の間引き ─┐
import { throttle, debounce } from 'lodash';

const textarea = document.querySelector('textarea');
textarea.addEventListener('input', throttle(() => {
  // 連続してinputイベントが発生しても
  // 100ミリ秒の間に一度まで実行頻度が調整される
}, 100));
```

注1　https://lodash.com/

図7.3　**throttle()関数とdebounce()関数による処理の間引き**

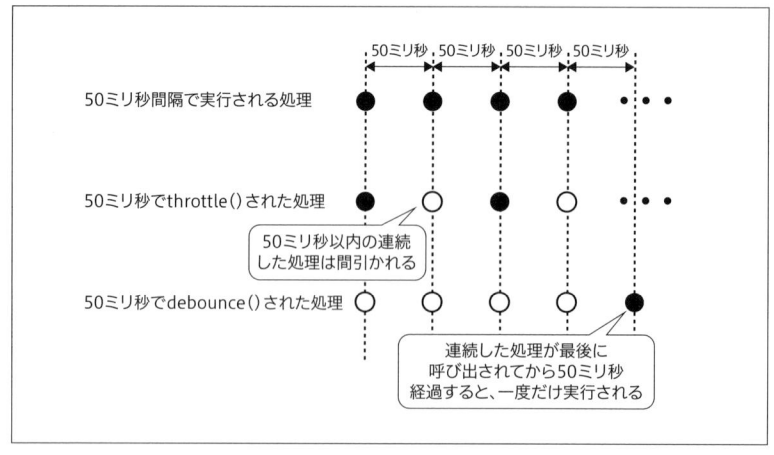

```
window.addEventListener('scroll', debounce(() => {
  // scrollイベントが発生しなくなってから
  // 200ミリ秒経つと一度だけ実行される
}, 200));
```

▌ requestIdleCallback()メソッドによるアイドル待ち

　ブラウザはレンダリングや通信といったさまざまな処理を、キューに積み順に実行することでWebページを表示しています。そこに重いスクリプト処理が存在していると、レンダリングやUIへの応答といった優先度の高い処理を妨げることになります。

　requestIdleCallback()メソッド[注2]はブラウザがアイドルになったタイミングでスクリプト処理を実行するように予約するAPIです(**図7.4**)。即座に実行する必要がなく遅延させてもよい処理は、これを利用してブラウザに余力があるときに行うことで、画面の更新に関わる処理を優先できます。重い処理を丸ごとタスク化せずとも、内部の細かな処理(localStorageへのデータの保存、サーバへのログの送信など)をキューの後ろに逃すのもよいでしょう。

```
requestIdleCallback()メソッドによるアイドル中処理のリクエスト
const requestId = requestIdleCallback(() => {
  // アイドルになったタイミングで実行される
});

requestIdleCallback(() => {
```

注2　https://w3c.github.io/requestidlecallback/

図7.4　　**requestIdleCallback()関数によるアイドル待ち**

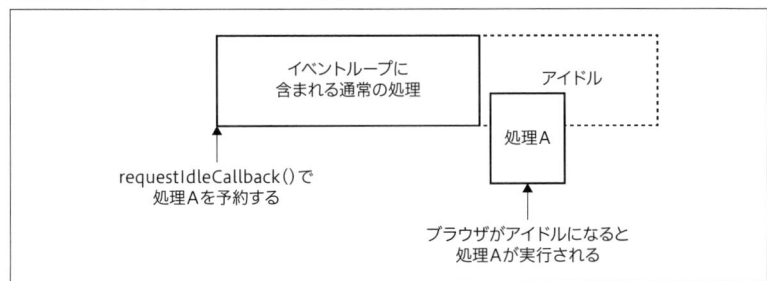

```
  // 2秒経ってからコールバック関数が呼び出されたらタイムアウト扱いにする
}, { timeout: 2000 });

// 指定のタスクをキャンセルする
cancelIdleCallback(requestId);
```

　例として、localStorageへのデータの保存を挙げてみます。localStorage
によるデータの保存は同期的に実行されるため、データのサイズに応じて
処理時間が長くなります。ここでのデータ保存はAPIの実行結果をキャッ
シュする目的で、ほかの処理を妨げて実行するほど重要なものではないが、
ユーザーがページに滞在している間に実行しておきたいものとします。

```
requestIdleCallback()メソッドを利用したlocalStorageへの保存処理
fetch('/api/data').then(res => res.json()).then(data => { …❶
  // ...

  let isSaved = false;
  requestIdleCallback(() => { …❷
    // アイドルになったタイミングで実行される
    localStorage.setItem('data', JSON.stringify(data));
    isSaved = true;
  });

  window.addEventListener('beforeunload', () => { …❸
    // 実行されていなかったら、保存する
    if (!isSaved) {
      localStorage.setItem('data', JSON.stringify(data));
    }
  });
});
```

　ここではfetch()メソッドでAPIへリクエストを行い（❶）、取得したデ
ータの保存をrequestIdleCallback()メソッドを用いて消極的に実行して
います（❷）。また、ブラウザがアイドルになる前にユーザーが離脱して、
登録したコールバック関数が呼び出されない場合も想定し、beforeunload
イベントでも保存処理を登録しています（❸）。これでメインスレッドの処
理を促しつつ、ユーザーの滞在中での実行を実現できました。
　登録したコールバック関数が呼び出されるときには、第1引数として
IdleDeadlineインタフェースを持つオブジェクトが渡されます。このオブ

ジェクトは didTimeout プロパティ（真偽値）と、timeRemaining() メソッド
を持ちます。didTimeout プロパティは、requestIdleCallback メソッドの
実行時に timeout オプションで指定された時間（ミリ秒）よりもあとにコー
ルバック関数が呼び出された場合に true になります。timeRemaining() メ
ソッドは、アイドル中の処理として与えられた残り時間（ミリ秒）を返しま
す。コールバック関数がこの残り時間を超えて処理をしてしまうと、画面
の更新を遅延させてしまう恐れがあります。次に示すコードは、何らかの
タスクが詰まったキューを順次処理したいときに timeRemaining() メソッ
ドを活用する例です。

```
timeRemaining()メソッドを利用したコールバック関数の処理時間の制御
const taskQueue = [task1, task2, task3, task4, task5...];
function runTasks(deadline) {
  while (taskQueue.length && deadline.timeRemaining() > 0) {
    const task = taskQueue.shift();
    task.run();
  }
  if (taskQueue.length) {
    requestIdleCallback(runTasks);
  }
}
requestIdleCallback(runTasks);
```

　この例では taskQueue 配列からタスクを取り出して1つずつ処理するごと
に、timeRemaining() メソッドを呼び出して残り時間があるかを確認して
います。残り時間がなくなって taskQueue 配列に要素が残っていれば、あ
らためて requestIdleCallback() メソッドにコールバック関数を登録しな
おして、次のアイドル時に残タスクの処理を再開します。RAIL モデルにお
いてアイドル中の処理は50ミリ秒以内に収めることが期待されるように、
コールバック関数に与えられる残り時間は最大でも50ミリ秒になっていま
す。すでに画面の更新が控えている場合は1フレームの時間である16ミリ
秒より小さい時間が与えられることもあります。
　requestIdleCallback() メソッドは本書執筆時点で Chrome と Firefox のみ
が実装しています。ブラウザのサポートは芳しくありませんが、setTimeout()
と clearTimeout() メソッドを使って簡易的な Polyfill を書くこともできます。

```
setTimeout()メソッドを使ったrequestIdleCallback()メソッドのPolyfill
window.requestIdleCallback =
  window.requestIdleCallback || callback => {
    const start = Date.now();
    return setTimeout(() => {
      callback({
        didTimeout: false,
        timeRemaining: () => {
          return Math.max(0, 50 - (Date.now() - start));
        }
      });
    }, 1);
  };

window.cancelIdleCallback =
  window.cancelIdleCallback || id => {
    clearTimeout(id);
  };
```

※ Paul Lewis, "Using requestIdleCallback", 2017, https://developers.google.com/web/updates/2015/08/using-requestidlecallback

　このPolyfillはsetTimeout()メソッドで指定のタスクをキューに追加するという単純なものです。本来のrequestIdleCallback()メソッドのようにアイドルになるタイミングを得ることはできませんが、setTimeout()メソッドを使って実行キューの最後に処理を予定することで似たような挙動を実現します。また、timeoutオプションは機能しませんが、コールバック関数の引数に渡されるオブジェクトのtimeRemaining()メソッドを呼び出せば、コールバック関数が50ミリ秒以上スレッドを占有しないように調整はできます。

┃ Workerスレッドへの委譲

　メインスレッドとは別のワーカスレッドで処理を実行するWeb WorkerというAPIがあります。ワーカスレッドからはDOMをはじめとしたメインスレッドでは利用可能な各種ブラウザAPIへのアクセスが制限されますが、たとえばWebGLの座標計算や物理演算といったブラウザAPIに関与しない重い処理を委譲できるでしょう。

　ボタンを押すとフィボナッチ数列の項の値を取得するという処理を例に挙げます。まずはメインスレッドで実行する例です。fibonacci()関数は自身を再帰的に呼び出す実装になっており、求める項の値が大きいほど負

荷が高まります。

```js
// main.js
function fibonacci(i) {
  if (i < 2) {
    return i;
  }

  return fibonacci(i - 2) + fibonacci(i - 1);
}

const button = document.querySelector('button');
button.addEventListener('click', () => {
  const result = fibonacci(50);
  console.log(result);
});
```

　次に、fibonacci()関数の処理をWeb Workerを用いてワーカスレッドに委譲する例です。メインスレッドとワーカスレッドは、それぞれのpostMessage()メソッドによるメッセージの送信と、messageイベントによるメッセージの受信でやりとりします。

```js
// main.js
window.addEventListener('message', event => {
  if (event.origin !== 'https://example.com') {
    return;
  }

  // Workerに委譲した処理結果を出力する
  console.log(event.data);
});

const button = document.querySelector('button');
button.addEventListener('click', event => {
  window.postMessage({
    command: 'fibonacci',
    number: 50
  });
});
```

```js
// worker.js
self.addEventListener('message', event => {
  switch (event.data.command) {
    case 'fibonacci':
```

```
      const result = fibonacci(event.data.number);
      postMessage(result);
      break;
    default:
      break;
  }
});

function fibonacci(i) {
  if (i < 2) {
    return i;
  }

  return fibonacci(i - 2) + fibonacci(i - 1);
}
```

　このようにワーカスレッドに委譲することでメインスレッドの占有を回避し、ユーザーアクションへの応答性やレンダリング処理の円滑な実行を実現できます。fibonacci()関数のように重い処理でメインスレッドを重くしている場合は、Web Workerの利用を検討してみましょう。

7.2
メモリリークの調査と改善

　普段、GCのおかげで開発者はメモリ管理を意識することは多くありません。その裏で潜在的に生まれがちなのがメモリリークです。

調査方法

　重いスクリプト処理の調査と同様に、Performanceパネルで発生のタイミングを特定し、Memoryパネルであらためてヒープ領域のスナップショットやアロケートの状況をチェックするのが効率的です。また、Memory Leak Examples[注3]というメモリリークの各種パターンを試せるデモサイト

注3　https://1000ch.github.io/memory-leak/

もあるので、こちらも試してみてください。

メモリ使用量の推移

Performanceパネルの Memory にチェックを入れて計測すると、ヒープ領域のメモリ、ドキュメントと DOM ノードの数、イベントリスナの数の推移が記録されます。これは表示しているフレームと対応しているので、どの時点で何が増加しているのかを把握できます。

メモリリークが発生している場合、解放されないメモリが増え続け、**図 7.5❶**のようにヒープを圧迫していることが多いです。このときメモリのグラフは、GC が実行されても緩やかに上昇し続けます。ヒープ領域の空き容量が減ると、アロケート処理のコストが高まり、領域を確保するために GC の実行頻度も増えます。前章の「スクリプト処理のプロファイル」を参考に、解放されていないメモリの割合が多くないかを特定しましょう。

計測結果では、JS Heap（ヒープ領域の使用量）、Documents（HTML ドキュメントの数）、Nodes（DOM ノード）、Listeners（イベントリスナ）の推

図7.5　　解放されないメモリが増え続け、圧迫されるヒープ

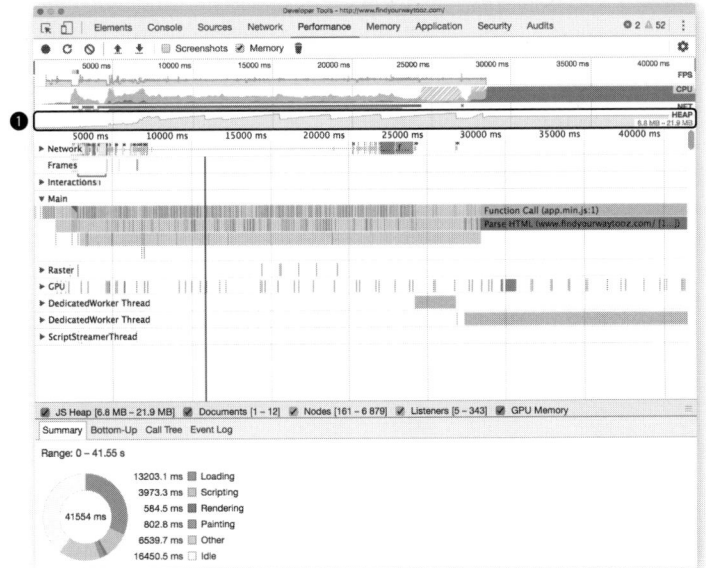

移が確認できます。先ほど挙げたメモリのパターンが登場している場合は注意が必要です。

ヒープのスナップショットの比較

Profilesパネルでヒープのスナップショットどうしを比較することでも、どのオブジェクトの数やサイズが増え続けているかを特定できます。6.3節で説明したようにヒープのスナップショットのComparisonビューで前後値を比較し、差分をSize Deltaカラムでチェックしながら増加しているデータを確認します。

もし意図せず残っているオブジェクトがあれば、リークしている疑いがあります。どのオブジェクトから参照されているかは、Retainersパネルで確認できます。

HTMLから切り離されたDOMツリー

DOMノードがDOMツリーから切り離されていても、DOMノードへの参照が残っているとGCに回収されずメモリリークの原因になります。切り離されたDOMツリーは、ヒープスナップショットにおいてDetached DOM treeという名前で検出されます。

また、次の方法でDetached DOM treeを確認することもできます。まず、ヒープのスナップショットを取得してから、次のコードをConsoleパネルにて実行します。

```
HTMLドキュメントから切り離されたDOMツリー
window.detached = document.createElement('div');
document.documentElement.appendChild(detached);
document.documentElement.removeChild(detached);

for (let i = 0; i < 1000; i++) {
  detached.appendChild(document.createElement('div'));
}
```

実行後に再度スナップショットを取り、Comparisonビューで実行前後を比較してください。Detached DOM treeが差分として追加されています。これはdocumentから切り離されたあともインスタンスとして存在するためです。

改善方法

　アプリケーションが大きくなるほど参照関係が複雑になりがちで、気が付いたときには対策できないことも多いでしょう。より早い段階からケアしておくことも重要です。

オブジェクトへの参照の消去

　DOMツリーを参照しているオブジェクトを消去することで、Detached DOM treeをGCの回収対象とさせます。先のコード例では`window.detached`という変数からDOMツリーを参照していることが原因ですので、`detached = null;`としてやることで、GCの回収対象となります。実際にConsoleパネルで実行して再度ヒープのスナップショットを撮り、比較してみてください。

　このように一度変数に代入しておくなど、参照が発生するとDOMツリーから削除しても、インスタンスが残るケースがあります。ヒープのスナップショットを確認し、Detached DOM treeが残っていないかチェックしましょう。

7.3

高頻度で実行されるGCの調査と改善

　GCによるメモリの解放が適切に行われ、メモリリークが発生していなくとも、まだ安心はできません。GCはメインスレッドの一部を確実に占め、発生頻度に応じてコストはかさみます。

調査方法

　GCはブラウザによって自動で行われるうえに、実行環境のメモリやCPUなどにも左右されるので、実行タイミングをプログラムから完全に把握することはできません。そのため、意図せずGCが頻発し負荷になっていないかどうか、メモリの推移を注意深く観察していく必要があります。

GCの発生頻度

メモリの確保とGCによる解放が高頻度で実行されると、**図7.6❶**のように
グラフがノコギリの刃のようにメモリが推移します。当然、GCの実行もスク
リプト処理に含まれるので、そのぶんブラウザの処理性能は低下します。こ
の場合は、メモリの確保と解放そのものがコストになっているので、その頻
度を下げなくてはなりません。こちらも前章の「スクリプト処理のプロファイ
ル」を参考に高頻度でGCが発生している処理を特定し、対処していきます。

▍改善方法

確保したメモリをGCに回収されないように、プログラム上で明示的に
管理することで、GCの発生頻度を抑えられます。

メモリ管理の明示化

オブジェクト生成時に確保されたメモリが、オブジェクトの破棄や参照

図7.6　　高頻度で実行されるメモリの確保とGCによる解放

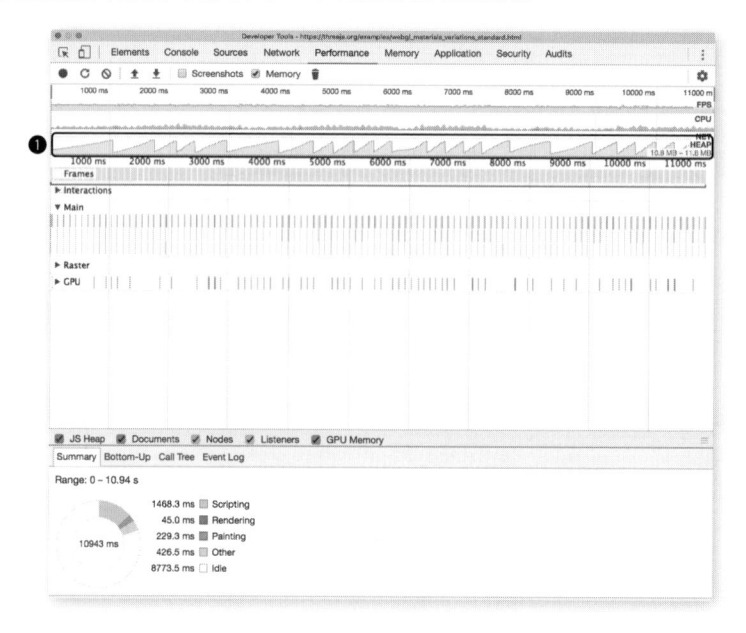

切れで不要と判断されると、メモリを解放するべくGCが実行されます。よって、このオブジェクトの生成と破棄を繰り返さないように、事前に生成したオブジェクトを使いまわすことで、GCの実行を抑制できます。このような手法を、オブジェクトプールと呼びます。

オブジェクトプールの実装例として、拙作のMemoryPool[注4]というライブラリを挙げてみます。MemoryPoolは指定した種類のオブジェクトのプール先となり、オブジェクトの生成や破棄はプールを介して行います。

```
MemoryPoolを介したオブジェクトの利用
import MemoryPool from 'memorypool';

// 配列のプールを定義する
const pool = new MemoryPool(Array);

// 配列をプールから取得する
const array = pool.allocate();

// 使わなくなった配列をプールに戻す
pool.free(array);
```

このように、定義したオブジェクトをプールから出し入れして使います。実践的には必要になるオブジェクトの数だけallocate()メソッドを実行しておくことで、メモリの確保とGCによる解放が以降は行われなくなるので、ノコギリの刃のように推移していたメモリも滑らかに推移するようになるでしょう。

次に、MemoryPoolの内部実装を見てみます。

```
MemoryPoolの内部実装
class MemoryPool {
  constructor(Class) {
    if (Class === undefined) {
      throw new Error('No arguments');
    }

    if (typeof Class !== 'function') {
      throw new Error(`${Class} is not a function`);
    }

    this.Class = Class;
```

注4　https://github.com/1000ch/memorypool

```
    this.pool = [];
  }

  get size() {
    return this.pool.length;
  }

  allocate() {
    if (this.pool.length === 0) {
      // 新たにオブジェクトを生成する
      return new this.Class();
    } else {
      // プールからオブジェクトを取り出す
      return this.pool.pop();
    }
  }

  free(object) {
    if (object instanceof this.Class) {
      // オブジェクトをプールに保存する
      this.pool.push(object);
    }
  }

  collect() {
    // 保持しているオブジェクトを解放する
    this.pool = [];
  }
}
```

MemoryPoolはコンストラクタで指定されたオブジェクト専用のプールになります。使用済みのオブジェクトはプールのfree()メソッドで解放しますが、内部的には配列に追加しているのみです。このようにプールからの参照を確保することで、GCの回収対象になりません。新たにオブジェクトを使いたいときはallocate()メソッドを使いますが、プールに保持されているオブジェクトがある場合はそれを返却するので、生成されたオブジェクトを最大限使いまわせます。

この手法については、「オブジェクトプールを使った静的メモリJavaScript - HTML5Rocks」[注5] という記事も参考にしてください。

注5　https://www.html5rocks.com/ja/tutorials/speed/static-mem-pools/

7.4

未解放のイベントリスナとタイマーの調査と改善

DOMに登録したイベントリスナやタイマーも、注意すべき要因です。イベントリスナやタイマーは明示的に解放しないと実行されないハンドラとして残り続けるため、メモリやCPUの負荷になります。

調査方法

Performanceパネルで Memoryのキャプチャを有効にした状態で計測すると、ページに存在しているイベントリスナの数の推移を確認できます。

意図せず実行され続けるタイマー

タイマーは明示的に停止しないと実行され続けます。たとえば、次のような形でオブジェクトの生成を介してタイマーを実行している場合です。タイマーの呼び出し元である timerオブジェクトに nullを代入していますが、タイマーを破棄していないため、登録したコールバック関数は実行され続けます。

```
意図しないタイマーの実行
class Timer {
  constructor() {
    this.timerId = setInterval(() => {
      console.log('Interval Timer');
    }, 1000);
  }

  dispose() {
    clearInterval(this.timerId);
  }
}

let timer = new Timer();
// タイマーは破棄されず、コールバック関数が実行され続ける
timer = null;
```

この Timerクラスの場合は、実行されているタイマーを終了する dispose()メソッドが用意されているので、nullを代入する前に dispose()メソッド

を呼び出してください。

　また、特定の処理を定期的に実行したいときにsetInterval()メソッドを使うことがありますが、呼び出す処理が重くタイマーのインターバルより時間がかかると、前回の処理が終了する前に次のタイマー処理が予約されます。そうなると、絶えずスクリプト処理がキューに積まれ、アプリケーションにとってボトルネックになるでしょう。このような場合はsetTimeout()メソッドを再帰的に実行するほうが効率的です。

　コード中でタイマー処理を実行している箇所を検索して、これらのような実装になっていないか見なおしてみましょう。

▌イベントリスナ数の推移

　グラフが上がり続けている場合は、リスナやタイマーがコード上で解除されていない可能性があります。Performanceパネルの計測結果でイベントリスナの数の推移が**図7.7❶**のように確認できるので、意図せず上昇し続けている場合には注意が必要です。また、CPUの実行状態を観察し、常に何らかの処理

図7.7　　上昇し続けるイベントリスナの数

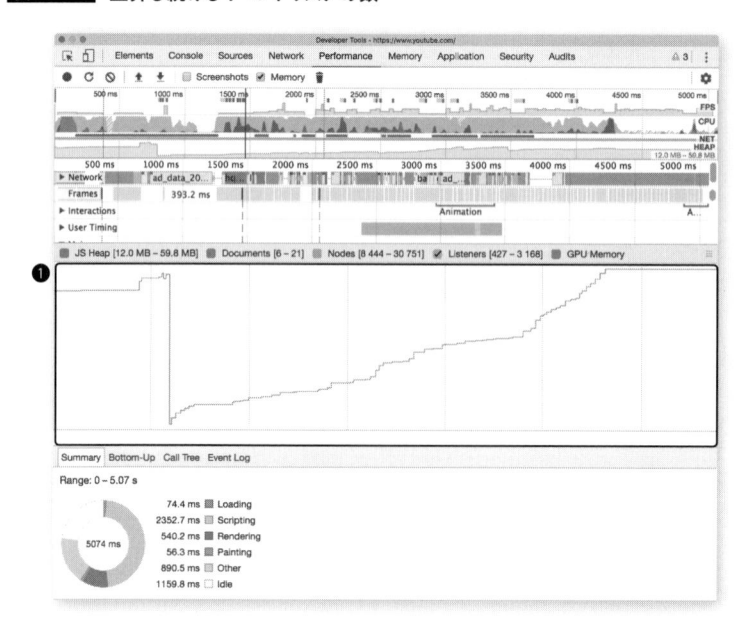

が走っている場合も、タイマーを解除し忘れていることを疑ってください。

改善方法

イベントリスナ、タイマーともに不要になった時点で忘れずに解除してください。Performanceパネルなどを注意深く見ないと発見しにくい問題ですが、こちらもメモリリークと同様に早い段階で発見して対策しておきたいところです。

明示的なイベントリスナとタイマーの解除

遷移ベースのWebページであれば、イベントリスナを定義するだけで問題になることは多くありません。しかしSPAのように非同期でHTMLを更新し、イベントリスナの設定と解除を繰り返すアプリケーションにおいては、よりこまめに管理する必要があります。

イベントリスナの設定と解除は、DOM APIである addEventListener()と removeEventListener() メソッドを用いて行います。次の例では button 要素にイベントリスナを設定したあと、最終的にドキュメントから削除していますが、削除する前に removeEventListener() メソッドを用いてイベントリスナの解除をしています。

```
removeEventListener()メソッドを用いたイベントリスナの解除
const button = document.querySelector('button');
const listener = () => console.log('button is clicked');
button.addEventListener('click', listener);
// ...
button.removeEventListener('click', listener);
document.removeChild(button);
```

また、addEventListener() メソッドにはイベントリスナの実行を一度のみにするオプションが2016年に仕様に追加されました[注6]。addEventListener()メソッドの第3引数にはイベントリスナの特性を指定するオプションを渡しますが、ここに once を指定することでイベントリスナが一度だけ実行されます。Internet Explorer、Android Browser以外の最新バージョンであれば対

注6　https://dom.spec.whatwg.org/#interface-eventtarget

応しているので、利用できるシーンは多いでしょう。

```
addEventListener()メソッドのonceオプション
document.addEventListener('click', () => {
  console.log('document is clicked');
}, { once: true });
```

Reactのコンポーネントのようにライフサイクルが存在する場合は、登録と解除をライフサイクルメソッド中で実行するのが望ましいです。たとえばReactのコンポーネントでタイマーを使う場合は、コンポーネントのマウント時に呼び出されるcomponentDidMount()メソッドで登録し、アンマウント時に呼び出されるcomponentWillUnmount()メソッドで解除するといった方法があります。

```
Reactコンポーネントにおけるタイマーマウント時の登録とアンマウント時の解除
class TimerComponent extends React.Component {
  componentDidMount() {
    this.timerId = setInterval(() => {
      // ...
    }, 1000);
  }

  componentWillUnmount() {
    clearInterval(this.timerId);
  }
}
```

フレームワークやライブラリのしくみに委ねることが可能であれば、不要になるタイミングで確実に解除できるよう、積極的に利用してください。

7.5

まとめ

JavaScriptエンジンの最適化やハードウェアの進化も目覚ましく、スクリプトを多用するアプリケーションでなければ、スクリプト処理は気にしすぎなくてもよい要素であるとも言えます。しかし、まだまだ非力なデバイスも多く、開発者がユーザーの環境を制御する術はありません。より快適なWeb体験を提供するために、アプリケーションの最適化を常に行っていきましょう。

第 8 章

画像の最適化に役立つテクニック

画像はWebの重要な要素です。大きく印象的な画像はユーザーの目を引き、時には重要な情報を伝えます。多くのWebページでバナーやサムネイルなどの画像がたくさん使われていますし、CSS3の普及で昔より減りましたが、ボタンなどのUIを表現する用途でも利用されます。

本章では、画像の形式やファイルサイズの観点からの最適化、Webページの中での取り扱い方法などについて解説していきます。

8.1

画像がWebページの速度に及ぼす影響

画像はページロードの速度とも強く関係しています。画像のファイルサイズはCSSやJavaScriptファイルといったリソースと比べても格段に大きくなりがちで、ひとたび最適化を怠れば、積み重ねてきたそのほかの改善を台無しにしてしまうでしょう。

▌画像はファイル数もサイズも増大しがち

画像はファイル数もサイズも増大しがちです。サイトのトップにあるような大きい写真は圧縮率を高めすぎると粗くなってしまうので、どうしてもファイルサイズが大きくなります。それ以外のバナーやUI用の小さい画像も、いろいろな種類があるため数が多くなります。

2.3節で紹介したWebPagetestのようなWebサイトの計測ツールを使うと、CSSやJavaScriptなどを含めた全リソースの中でも、画像は大きな割合を占めることがわかります。技術評論社のWebサイトを計測すると、リクエスト数、バイト数ともに約55％を画像が占めていました。

▌通信を圧迫する画像

画像の数が多ければHTTPリクエストの発生によるオーバーヘッドが積み重なり、通信コストが増大します。ファイル数を減らす方法としては、実直に不要な画像を取り除く以外だと、3.3節で紹介したCSSスプライトや

SVGスプライトで複数の画像を1つにまとめる方法などがあります。

　また、画像のファイルサイズが大きければダウンロード時間が増えます。本章では画像のファイルサイズを減らすことを目的に、適切に圧縮するための画像形式の概要と、余分なデータをなくすための最適化について詳しく解説します。

ファイルサイズが小さく高品質な画像が必要

　ファイルサイズの小さい画像が今あらためて必要とされる理由の一つに、モバイルデバイスの普及があります。近年のモバイルデバイスの実行性能は高く、いわゆる携帯サイトではなく通常のWebページが閲覧されるようになりました。これによって貧弱な通信環境であってもリッチな表現をするために、ファイルサイズが小さく高品質な画像が求められています。

8.2
画像の基本

　Webで使われる画像にはさまざまな形式がありますが、それぞれが圧縮方法や表現方法、内部データの持ち方に特徴を持っています。いずれも画像形式を理解するうえで押さえておきたい基本です。

圧縮方法

　画像形式の違いで大きいのはデータの圧縮方法です。画像に限らずデータの圧縮方法の分類として、可逆圧縮と非可逆圧縮があります。可逆というのは、データをエンコード(変換)して圧縮したあとに、もとのデータにデコード(復元)できることを示します。

可逆圧縮 —— データを復元可能な形で圧縮

　可逆圧縮は、もとのデータ配列をアルゴリズムによって短く表現して格納する方法です。もとのデータを劣化させないため、デコードすればもと

に戻せます。画像形式ではGIFやPNGが可逆圧縮です。

▎非可逆圧縮 —— 目立たないデータを省いてより小さく圧縮

　非可逆圧縮は、人が劣化を感じにくい部分のデータを主に省略して、データ量を小さくする方法です。圧縮率を変更することで、画質とファイルサイズのバランスを用途に合わせて調整できます。データ自体が省略されるため、圧縮したあとのデータをもとどおりの画質にはデコードできません。画像形式ではJPEGが非可逆圧縮として代表的です。

　なお、後述するWebPは可逆、非可逆の両方に対応し、用途に合わせて選択できます。同じく後述するSVGは、XML (*Extensible Markup Language*)で表現されるテキストデータのため、画像形式自体にデータ圧縮は含まれていません。

▎画像の表現方法

　ディスプレイへの表現方法はラスタとベクタに分類され、画像形式それぞれがいずれかの特徴を持ちます。

▎ラスタ —— 色情報を持つ画素を並べる画像表現

　ラスタは、ピクセル一つ一つに対応する色情報から画像を表現する形式です。ラスタ形式のデータは記録方法として単純なことから、アプリケーションから扱うときのデコード処理などの負荷が比較的小さくて済みます。その半面、データそのものは肥大化しがちなことから、ネットワーク処理やブラウザメモリに大きな負荷をかけがちです。

　なお、ラスタと近しい言葉にビットマップがあります。ビットマップは狭義にはコンピュータシステムにおけるラスタ形式を実装する技術を指します。広義にはピクセルに対応する連続した色情報としてラスタと同義として扱われ、本書においてもラスタで統一します。

▎ベクタ —— 座標を持つ図形の集合による画像表現

　ベクタは、画像を表現する点の座標とそれを結ぶ線などを数値データ化し、演算によって画像を再現(ラスタライズ)する形式です。前項のラスタ

形式はピクセルの集合で画像を表現するので拡大、縮小した際に劣化しますが、ベクタ形式の画像は拡大、縮小しても劣化しません。

▌データの保持方法

画像ファイル内部のデータの保持方法には、ベースラインとプログレッシブがあります。本章で紹介する画像形式のうち、JPEG、GIF、PNGはベースラインとプログレッシブのいずれかで保持されます(GIFとPNGはプログレッシブの代わりにインターレース)。WebPはベースラインのみをサポートしています。また、ベクタ形式であるSVGはラスタライズを前提とするため、これらの区別はありません。

▌ベースライン ── 画像上部からレンダリング

ベースラインは、画像データを1つのブロックに保持する標準的な形式です。ベースライン形式の画像はロードが進むにつれて、画像の上部から段階的にレンダリングが始まります。

ベースライン形式の画像を<img>要素の縦幅と横幅を指定しないで表示してしまうと、ブラウザはファイルを完全にロードするまで横幅と縦幅がわからないため、ロードに応じて<img>要素のサイズ更新を繰り返します。これによってWebページのレイアウト算出が断続的に行われ、Webページ表示時のガタつきを引き起こします。

<img>要素のwidthとheight属性か、CSSのwidthとheightプロパティで縦幅と横幅を指定していれば、画像のロード状況にかかわらず<img>要素のサイズが固定されるので、画像のロードに起因するWebページ表示時のガタつきを防げます。

▌プログレッシブ ── 画像全体を低解像度からレンダリング

プログレッシブは、低解像度から高解像度(オリジナル)の状態を複数ブロックに分割して保持する形式です。プログレッシブ形式の画像をブラウザで表示する場合、分割して保持している画像データを低解像度の状態から高解像度な状態へ段階的にレンダリングするため、まず画像全体が粗く表示され、ロードが進むにつれて徐々に鮮明になっていきます。そのため、

ベースラインに比べて画像の全体像を早い段階で伝達できます。これは一般的に、ユーザー体験に良い影響をもたらします。

　プログレッシブ形式でも、画像のロードが始まり初期のレンダリングが行われるまでブラウザは画像のサイズがわかりません。横幅と縦幅を指定していない場合、<img>要素のサイズ更新によるWebページのレイアウト算出の実行を完全に抑止することはできません。無駄なレイアウト算出の実行や、Webページ表示時のガタつきを確実に抑止するには、プログレッシブ形式、ベースライン形式にかかわらず、横幅と縦幅を明示しておくべききでしょう。

8.3
主要な画像形式

　ここでは、Webページで広く利用される、JPEG、GIF、PNG、WebP[注1]、SVGの5つの画像形式について見ていきます。

JPEG —— 写真など複雑な画像に向く

　JPEG (*Joint Photographic Experts Group*) は、24ビットのフルカラーに対応し、約1,677万色（16,777,216色 = 2^{24}）を表現できる非可逆圧縮形式のラスタ画像です。

　最も広く利用される画像形式の一つで、黎明期からWebを支えてきました。ブラウザはもちろんのこと、ネイティブアプリケーションなど多くの環境が対応しています。

非可逆形式の高圧縮率アルゴリズム

　JPEGの圧縮アルゴリズムはPNGやGIFと比べて複雑です。画像データを8×8ピクセル単位で切り出し、ブロックごとに色の変化が小さい部分を誤差とみなし、平均化しながら切り捨てます。この平均化の段階で色味の

注1　https://developers.google.com/speed/webp/

中央値が取られるため、色の変化が大きい画像(たとえば白背景に黒文字のような画像)の場合は、文字の周りが中間色でにじみやすくなります。

　JPEGは非可逆圧縮によって完全な復元ができない代わりに、可逆圧縮よりも高い圧縮率を得られるメリットがあります。ただし、画像を保存するたびに非可逆圧縮の処理が適用されるので、上書き保存のたびに劣化が生じます。そのためJPEGは編集時の一時保存といった用途には向いていません。編集時にはオリジナルを復元可能な形式で保持し、書き出す段階でJPEGにするべきでしょう。

▌ 圧縮率を改良したmozjpeg

　Mozillaでは「mozjpeg」[注2]というプロジェクトが進んでいます。これは後述するWebPのように新しい画像形式を提案するのではなく、広く普及しているJPEG形式と互換性を保ったまま圧縮率を高めるアプローチをとっています。既存のJPEGライブラリと比べてファイルサイズを平均5%削減できることに加え、2014年12月のリリース[注3]によれば、JPEG特有の問題である画像の荒れも軽減されているとのことです。

▌ 劣化の少ない高圧縮を実現するGuetzli

　Googleも「Guetzli」[注4]という新たなJPEGの圧縮アルゴリズムを提案しています。Guetzliはbutteraugli[注5]という独自の品質評価アルゴリズムを用いて、人間がより劣化と感じにくい圧縮を実現します。ファイルサイズがなるべく小さくなるように反復して圧縮を試行するため処理に時間はかかりますが、同程度の品質の画像であれば従来より35%程度小さくなるとされています。

▌ GIF —— アニメーションも表現できる

　GIF(*Graphics Interchange Format*)は256色を表現できる可逆圧縮形式のラ

注2　https://github.com/mozilla/mozjpeg
注3　https://calendar.perfplanet.com/2014/mozjpeg-3-0/
注4　https://github.com/google/guetzli
注5　https://github.com/google/butteraugli

スタ画像で、JPEG同様に多くのブラウザが対応しています。特定の色を透明色にでき、画像の一部を透過させてWebページの背景色などを透けて見せるような使い方もされます。

▍アニメーションGIF

　画像をコマ単位で収録し、パラパラ漫画のようにアニメーションできるのも特徴の一つです。パラパラ漫画と言ったようにアニメーションの各フレームをGIFの静止画として単純に保持しているだけなので、MPEG-4などの動画専用のファイル形式と比べるとファイルサイズは大きくなりますし、音声情報の格納もできません。色数の制約やファイルサイズが問題にならないような用途では使われている形式です。

　アニメーション機能はJPEGにはなく、PNGには拡張形式がありますがブラウザ対応が進んでいません。それに対してアニメーションGIFは、ほぼすべてのブラウザがサポートしています。

▍PNG —— アイコンやUIパーツに適する

　PNG (*Portable Network Graphics*) は、GIFやJPEGが持つ課題 (かつてGIFが抱えていた圧縮アルゴリズムの特許権の問題や、特徴そのものなど) を解決し、Webにおける画像のスタンダードになることを目指して生まれた可逆圧縮のラスタ画像です。JPEGやGIFと同様に、現在使われているブラウザのほとんどが対応しています。

　PNGは24ビットのフルカラー (約1,677万色) に加えて、8ビットのアルファチャンネルを使った透過を表現できます。これを24ビットモードと言います。

　ほかに8ビットモードが存在します。8ビットモードでは最大256色を保持し、24ビットモードと同様にアルファチャンネルを使った透過を表現できます。8ビットモードでは、カラーマップという定義テーブルに色を保持し、各ピクセルがそのカラーマップの色番号を保持するインデックスカラーモードになります。これは24ビットモードに比べて、色解像度を維持しながらデータ量を大幅に抑えられます。

　PNGではチャンクと呼ばれるデータブロックを自由に拡張し、文字列などのメタデータを任意に付与できます。コメントや著作権情報を埋め込む

際などに利用されます。

▎JPEGとの比較 ── 透過を伴わない複雑な画像であればJPEGを

PNG は JPEG と同様に 24 ビットのフルカラーを表現できるだけでなく、アルファチャンネルにも対応しています。JPEG と違って可逆圧縮形式なので、編集によって保存処理を繰り返したときに劣化する心配もありません。しかし、同じ画像で同程度の品質で JPEG と PNG のファイルサイズを比較すると、PNG のほうが大きくなります。

多少の劣化を許容できて、透過が不要な写真画像などでは、JPEG で保存するほうが大幅にファイルサイズを抑えられます。しかし、グラデーションを伴うような多くの色を含み、透過も必要な画像であれば、24 ビットモードの PNG を選択せざるを得ません。

▎GIFとの比較 ── アニメーションさせたい場合を除いてPNGに軍配

透過を伴い、圧縮による劣化もさせたくない、たとえば Web の UI パーツのような場合は GIF か PNG が適しています。同じ画像で同程度の品質で GIF と PNG のファイルサイズを比較すると、8 ビットのインデックスカラーモードの PNG のほうが小さくなる傾向にあります。透過ついても、PNG では GIF のように「特定の色を透明にする」という指定ではなく、アルファチャンネルで柔軟に適用できます。

このような理由から、GIF より 8 ビット PNG のほうが基本的に優れています。より詳細な説明については Stoyan Stefanov 氏が書いた「Give PNG a chance」という記事の日本語訳[注6]を参照してください。

アニメーションについては、PNG の拡張形式である APNG や MNG が対応していますが、前述したとおりブラウザ対応が進んでいません。アニメーションを利用したい場合は GIF が現実的な選択肢です。

▎WebP ── 既存の画像形式の代替を目指す

WebP は Google が 2010 年に新たに発表したラスタ画像です。既存の形式

注6　http://article.enja.io/articles/give-png-a-chance.html

よりも20%以上ファイルサイズを小さくできるとしています。

機能をオールインワンにした画像形式

WebPは、Webにおける画像用途のほとんどをカバーしたオールインワンな形式です。可逆圧縮と非可逆圧縮の両方に対応するのでJPEGとPNG両方の代わりになるうえに、アニメーションや透過にも対応します。

ブラウザの対応状況は芳しくない

ブラウザのWebP対応は、進んでいるとは言いがたい状況です。現在は、ChromeとAndroid Browser（4.2〜）のみが対応しています。

Firefox、Safari、Edge、Internet Explorer、iOS SafariはWebPに対応していません。しかし、Firefoxを提供するMozillaは前述したmozjpegを推進する一方でWebPのサポートをする動き[注7]が見られますし、AppleもSafariだけでなくmacOSでサポートする試みもあるようです。

SVG —— 拡縮で劣化しない形式

SVGは最近注目されている画像形式です。JPEGやGIF、PNG、WebPのようなラスタ形式ではなく、XMLをベースとしたテキストで構成されるベクタ形式のデータです。注目を集めるようになったのは最近ですが、2001年9月にW3C（*World Wide Web Consortium*）によってSVG 1.0が勧告され、2011年8月に勧告されたSVG 1.1（第2版）[注8]が最新バージョンです。1.0から数えると、かれこれ15年以上も前からある古い仕様です。

以前はブラウザの対応が進んでおらず、そしてラスタデータを扱う既存の画像形式で十分であったことから、あまり活用されていませんでした。しかし近年のマルチデバイス化に伴って解像度やピクセル密度が多様化していることに後押しされ、拡大、縮小に強いベクタデータであるSVGが期待を集めています。

注7　https://bugzilla.mozilla.org/show_bug.cgi?id=1294490
注8　https://www.w3.org/TR/SVG11/

XMLで記述されたベクタ画像形式

SVGは拡大、縮小しても劣化しないベクタデータですので、線や面が明確で形状をパスで表現しやすい図形画像に向いています。さらにGIFやPNG、WebPと同様に透過も扱えるので、たびたび違うサイズで再利用されるロゴやアイコンのような用途や、レスポンシブWebデザインを採用したWebサイトに使いやすいですが。一方で、複雑なグラデーションや写真のように繊細な画像を表現する用途には向きません。

また、SVGはほかの画像形式のようにバイナリではなく、XMLで記述されているテキストファイルです。サーバから配信するときは忘れずにgzipを適用しましょう。

CSSやJavaScriptで振る舞いを操作できる

SVGはCSSでスタイルを適用できます。また、DOM APIが用意されているので、JavaScriptでイベントハンドラを設定できます。これを利用してアニメーションさせることも可能で、SVG内の各要素にCSSでアニメーションを適用したり、JavaScriptでDOM APIを操作してアニメーションを実現したりできます。さらにSVGそのものにも<style>や<script>要素でスタイル情報やスクリプト処理を埋め込めるので、ほかのWeb技術と相性が良いです。

単一の小さいデータであらゆるサイズを表現できる

ベクタデータは縮尺を選ばないため、単一のデータであらゆるサイズの画像を表現できます。画像の複雑さに応じてファイルサイズも膨らみますが、SVGを採用するような図形画像であれば、ラスタデータと同程度かそれよりも小さくなります。画像サイズに左右されないSVGは、画像サイズが大きくなると保持する情報が増えるラスタデータと比べて、データサイズの点で優位になります。

このように小さいデータで表現できることは、リソースのロード速度やメモリ消費の観点で大きなメリットです。ラスタデータのように複数のファイルを用意する必要がないことも、開発における大きなメリットです。

アクセシビリティの提供

SVGはテキストファイルなので、画像に関連した文字情報を埋め込むことで、スクリーンリーダーや検索エンジンのクローラに対して情報を提供できます。

```
テキストデータで構成されるSVG
<svg xmlns="http://www.w3.org/2000/svg"
     viewBox="0 0 200 200">
  <g>
    <title>青い円グラフです</title>
    <desc>hogehogeについての調査結果です</desc>
    <circle cx="50" cy="50" r="50" fill="blue" />
    <text x="0" y="100">fugafugaのシェア: 100%</text>
  </g>
</svg>
```

<title> と <desc>要素はSVGのレンダリング内容に対する説明的要素として用意されており、図形としてはレンダリングされません。<text>要素は文字が図形内にレンダリングされますが、こちらもスクリーンリーダーや検索エンジンのクローラが認識できる情報になります。

グラフのように複雑な図形であっても、図形の各部分に文字情報として説明を付け加えられるのはアクセシビリティ的に大きなメリットです。

画像形式の選択指針

画像形式については「HTML5 Rocks」の「Image Compression for Web Developers」[注9] という記事で、わかりやすい比較表が掲載されています。**表8.1**

注9　https://www.html5rocks.com/tutorials/speed/img-compression/

表8.1　**画像形式の比較**

形式	圧縮性能	可逆圧縮	非可逆圧縮	透過	アニメーション
PNG	高い	○	×	○	×
GIF	普通	○	○	△[※1]	○
JPEG	高い	×[※2]	○	×	×
WebP	非常に高い	○	○	○	○
SVG	高い	○	×	○	○

※1：アルファチャンネルではなく、透過、非透過のみの区別
※2：仕様上は対応しているが普及していない

はその比較表をもとに、SVGと注釈を加えたものです。

　それぞれの特性を踏まえて、用途に応じた画像形式を選ばなくてはなりません。**図8.1**はその簡易的なフローチャートです。

　WebPは圧縮率に優れた画像形式ですが、普及が十分に進んでいないため、写真などはJPEGで保存するのがよいでしょう。PNGもJPEGと同様にフルカラーを扱えますが、JPEGに比べてファイルサイズが非常に大きくなります。よって、アルファチャンネルを使う必要がなければJPEGを選択するべきです。

　ロゴやUIパーツのような単純な図形と色から構成される画像であれば、ベクタデータであるSVGを選びたいところです。

　アニメーションに関しては、SVGをCSSやJavaScriptで操作したり、長いアニメーションであれば動画ファイルを使ったりという選択肢もあるので、GIFを選ぶシーンは少なくなってきています。

8.4
▌画像の最適化

　画像のファイルサイズを抑えるためには、表示に必要ないメタデータなどの削除や、減色や圧縮によるデータの削減など、さまざまな最適化を行う必要があります。画像の性質に適した画像形式を選択し、それに応じた最適化を施せば、品質を維持したままファイルサイズを大幅に削減できる

図8.1　**画像形式の選択指針**

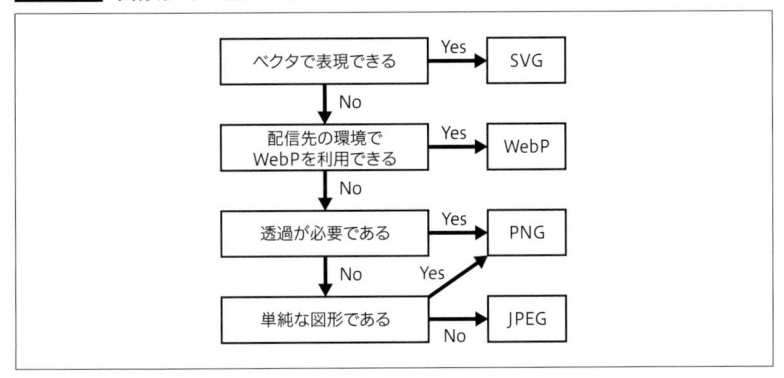

ことがほとんどです。

　本節では、写真やバナー、UIパーツといったWebページ制作の素材にな
る画像を最適化する方法と、それを現場のワークフローに取り入れる方法
を説明します。ここでは開発者の手もとで行う最適化のみを取り扱い、ユ
ーザー投稿型のコンテンツ画像などをサーバサイドシステム内で最適化す
る方法については扱いません。

　画像の最適化は、慌てて作業をしたり担当者が変わったりしたときに作
業漏れが起こりがちです。最適化は一部への適用で劇的な効果を発揮する
ものではなく、たくさんある画像ファイルに漏れなく適用して効果を発揮
するものです。作業漏れを防ぐには、便利なツールや最適化ライブラリを
うまく使って作業負担を減らし、確実なワークフローを構築する必要があ
ります。便利なGUI(*Graphical User Interface*)アプリケーションを導入して作
業手順を決めることで、最適化を無理のないワークフローに落とし込めま
す。また、コマンドラインで実行できる最適化ツールを組み合わせ、CIの
中に取り入れて自動化すれば、属人性がない確実なワークフローになります。

画像最適化ライブラリ

　画像の最適化には、有志が公開しているライブラリを使うとよいでしょ
う。公開されているライブラリはいくつもありますが、その中でも特に効
果が高く実績があるものを紹介します。

- **mozjpeg**
  Mozillaが開発するJPEGの最適化ライブラリで、高い圧縮率を誇る

- **pngquant**
  パレットカラーの利用による減色で、PNGのファイルサイズを大幅に削減する

- **optipng**
  不要なチャンクの削除や内部データの圧縮によってPNGを最適化する

- **gifsicle**
  GIFの最適化だけでなく、メタデータの編集やアニメーションの作成もできる

- **svgo**
  不要な要素や属性、スペースなどを削除してSVGを最小化する

それぞれをインストールして利用するのもよいですが、複数の最適化ライブラリをバンドルしているGUIアプリケーションや、Node.jsでラップしたモジュールを使ってタスクランナーやCI、バージョン管理ツールと連携するとより便利です。以降でこれらについて説明します。

GUIアプリケーションの利用

画像の最適化に利用できるGUIアプリケーションは、各プラットフォームでいくつか提供されています。これらも内部的には、前述したような画像最適化ライブラリが利用されています。

macOSで使えるアプリケーション

ImageOptim[注10]は、macOSで使える画像最適化アプリケーションです。JPEG、PNG、GIFそれぞれの最適化ライブラリを多く内包しています。最適化したい画像を指定するだけで、自動で処理してくれるため、煩雑な指定を必要とせず簡単に使えます。

PNG画像に対しては、ImageAlpha[注11]を使った減色も有効です。ImageAlphaを使うと、24ビットモードのPNG画像の透過情報を保ちつつ減色できます。減色は色情報を省く非可逆な処理ですが、ファイルサイズを落とす効果が高いです。

Windowsで使えるアプリケーション

Windowsでは、Antelope[注12]やオープンソースとして開発されているCaesium[注13]が多機能な画像最適化ツールです。ImageOptimと似た使い勝手で、画質の調整や減色を元画像と比較しながら適用できます。

注10　https://imageoptim.com/
注11　http://pngmini.com/
注12　http://www.voralent.com/ja/products/antelope/
注13　https://saerasoft.com/caesium/

▍コマンドラインツールの利用

次に、コマンドラインから実行できる最適化ツールについて紹介します。そして、その最適化ツールをタスクランナーやCI、バージョン管理ツールと連携させる方法も解説します。

画像を手動で最適化する場合は、画像に追加や変更があるたびに人が作業する必要があり、作業漏れのリスクが残ります。そうした作業もタスクランナーで自動化すれば、煩雑な手順や手間を減らせます。さらに一連の最適化処理をCIやバージョン管理ツールと連携させて、ビルド時やGitのコミット時などに必ず実行されるようにすれば、作業漏れの可能性はなくなります。

▍imagemin —— Node.js製の最適化ツール

imagemin[注14]は、Node.js環境で実行できる画像最適化ツールです。imageminをコアモジュールとし、画像最適化ライブラリをNode.jsでラップしたサブモジュール群をプラグインとして利用します。imageminには必要最低限の画像最適化ライブラリしかバンドルされていないので、適用したいプラグインも必要に応じてインストールする必要があります。

各画像最適化ライブラリのimageminプラグインは、次のものを推奨します。

- **imagemin-mozjpeg**
  mozjpeg の imagemin プラグイン

- **imagemin-pngquant**
  pngquant の imagemin プラグイン

- **imagemin-optipng**
  optipng の imagemin プラグイン

- **imagemin-gifsicle**
  gifsicle の imagemin プラグイン

- **imagemin-svgo**
  svgo の imagemin プラグイン

注14 https://github.com/imagemin/imagemin

　コマンドラインから実行するには、imagemin-cliという専用モジュール
を利用します。

```
imagemin-cliとpngquantプラグインのインストール
$ npm install imagemin-cli
$ npm install imagemin-pngquant

fooフォルダにある画像を最適化しbarフォルダに出力する
$ imagemin --plugin=pngquant --out-dir=bar foo
```

▌タスクランナーとの連携

　imageminは、gulpとGruntから利用できるようにgulp-imagemin[注15]と
grunt-contrib-imagemin[注16]が用意されています。プロジェクトの開発環境
で使っているツールに合わせて、導入を検討してください。

　gulp-imageminの利用例を示します。gulp-imageminを使うには、コマン
ドラインからnpmでインストールします。gulp-imageminはimageminのラ
ッパですが、デフォルトで最適化ライブラリをいくつかバンドルしていま
す。先のリストを参考に、プラグインも一緒にインストールして使うと効
果が一層高まります。

```
gulp-imageminとプラグインのインストール
$ npm install --save-dev gulp-imagemin
$ npm install --save-dev imagemin-mozjpeg
$ npm install --save-dev imagemin-pngquant
```

　gulpfile.jsは次のようになるでしょう。

```
gulpfile.js
const gulp = require('gulp');
const imagemin = require('gulp-imagemin');
const mozjpeg = require('imagemin-mozjpeg');
const pngquant = require('imagemin-pngquant');

gulp.task('imagemin', () => {
  return gulp.src('src/img/*.{jpg,gif,png,svg}')
    .pipe(imagemin([
      mozjpeg(), imagemin.gifsicle(), pngquant(),
```

注15　https://github.com/sindresorhus/gulp-imagemin
注16　https://github.com/gruntjs/grunt-contrib-imagemin

```
      imagemin.optipng(), imagemin.svgo()
    ]))
    .pipe(gulp.dest('dist/img'));
});
```

　この例ではimageminというタスクを定義しています。このタスクはgulp imageminコマンドで実行可能で、src/imgフォルダ配下のJPEG、GIF、PNG、SVGファイルを最適化してdist/imgフォルダに成果物として出力します。

　imageminの各プラグインは、そのライブラリに用意されているオプションを引数に取ります。GitHubのリポジトリのREADMEを参考に、プロジェクトに合わせて圧縮率などを調整してください。

　imageminの導入、あるいはタスクランナーとの連携まで済んでいれば、コマンドを実行するだけで対象の画像ファイルを漏れなく最適化できるようになっているはずです。

▌CIとの連携

　前述のgulpの例ではimageminというタスクを定義していますが、これはローカル環境での開発時だけでなく、JenkinsやCircleCIなどのCI環境でも実行できます。これをビルドジョブに組み込んで、リリースする画像ファイルが確実に最適化された状態で配信されるようにしましょう。

▌バージョン管理ツールとの連携

　最後に、Gitのフック機能を使ってバージョン管理のタイミングで最適化する例を紹介します。

　前項のCIと連携する方法では、SketchやPhotoshopのデザインファイルから出力したオリジナルの画像をリポジトリにコミットし、CIでのビルド時に毎回すべての画像に最適化処理をします。ただ、この方法では、画像が増えるにつれて処理の時間は長くなります。変更されたものだけ処理できればよいのですが、ビルド処理上でそれを判断するのは難しく、そもそも時間がかかる処理でもあるので、開発時のボトルネックになりかねません。

　そこで、コミットの前に最適化を実施し、最適化された画像をバージョン管理する方法が考えられます。このほうが、ビルド処理は少なくて済み

ます。

　Gitでバージョン管理をしている場合、Gitのフック機能を使えば任意の
タイミングで登録した処理を実行できます。Gitリポジトリの .git/hooks
フォルダに pre-commit というファイルを実行権限付きで作成すれば、コミ
ットの前にそれが実行されます。次のコードは、コミットするファイルに
JPEG、GIF、PNG、SVGファイルが含まれている場合に、前述のimagemin
を使って最適化処理をするシェルスクリプトです。

コミットに含まれる画像を検出して最適化するシェルスクリプト

```sh
#!/bin/sh
command -v imagemin >/dev/null 2>&1 || {
  echo "次のコマンドを実行してimageminとプラグインをインストールしてください"
  echo "\t \033[1mnpm install -g imagemin-cli\033[0m"
  echo "\t \033[1mnpm install -g imagemin-mozjpeg\033[0m"
  echo "\t \033[1mnpm install -g imagemin-gifsicle\033[0m"
  echo "\t \033[1mnpm install -g imagemin-pngquant\033[0m"
  echo "\t \033[1mnpm install -g imagemin-optipng\033[0m"
  echo "\t \033[1mnpm install -g imagemin-svgo\033[0m"
  exit 1;
}

for file in `git diff --cached --name-status | \
  awk '$1 ~ /[AM]/ && tolower($2) ~ /\.(jpe?g|gif|png|svg)$/ {print $2}'`
do
  echo $file を最適化します
  cat $file | imagemin \
    --plugin=mozjpeg \
    --plugin=gifsicle \
    --plugin=pngquant \
    --plugin=optipng \
    --plugin=svgo > ${file}.new
  mv -f ${file}.new $file
  git add $file
done
```

8.5

画像リソースの効率的なレスポンシブWeb対応

　レスポンシブWebデザインは、単一のHTMLとCSSであらゆるスクリーンサイズでの閲覧に適応させる手法です。相対値を利用した柔軟なレイアウトの指定と、解像度のブレークポイントに応じたコンテンツの配置で実現します。

　画像の取り扱いは、レスポンシブWebデザインにおいて特に注意すべき事項です。解像度やスクリーンサイズといったデバイス環境に適した画像をロードさせるのが望ましいですが、広い画面向けに用意している大きな画像を、モバイルデバイスでもロードさせているWebサイトもしばしば見かけます。大きな画像をロードしても表示上は期待する結果にできますが、本来必要なサイズより大きいデータを読み込むぶん、ページロードの速度は遅くなります。

　本節では、解像度やスクリーンサイズなどのデバイス環境に適した画像をロードさせるための、メディアクエリによるCSSのコントロールや`<picture>`要素によるロード制御などの方法を紹介していきます。

Media QueriesによるCSSの適用条件の制御

　画像が参照されるリソースの一つにCSSがあります。つまり、CSSから参照される画像をレスポンシブに対応するには、CSSのロードを制御する必要があります。

　レスポンシブWebデザインで考慮が必要な画面サイズやデバイスの向きといった条件に応じたCSSを宣言するには、メディアクエリを使います。メディアクエリは`@media (max-width: 640px)`のような記述を用いて、CSSの適用条件をコントロールできます。

メディアクエリの記法

　メディアクエリは、ディスプレイ向け、印刷向けといったメディアのタイプや、デバイスのスクリーンサイズなどのデバイスの特性など、メディアを限定するクエリを1つ以上含む式です。クエリは`and`、`not`、`only`の3

つの論理演算子を組み合わせて宣言できます。

　たとえばall and (orientation: portrait)はすべてのメディアのタイプでデバイスが縦向きであることを表し、print and (max-width: 640px)は印刷モードの状態でブラウザの横幅が640ピクセル以下であることを表します。メディアクエリの条件として指定可能な値はほかにもたくさんあるので、MDN(*Mozilla Developer Network*)の@mediaのページ[注17]を参考にしてください。

┃ CSSファイルのロード分岐

　メディアクエリの適用対象の一つに、CSSファイルをロードする\<link\>要素があります。\<link\>要素のmedia属性にメディアクエリを記述することで、ロードするCSSを切り替えられます。

```
メディアクエリを使ったCSSファイルの読み分け
<link rel="stylesheet"
      media="(max-width: 320px)"
      href="max-320px.css">
<link rel="stylesheet"
      media="(min-width: 320px)"
      href="min-320px.css">
<link rel="stylesheet"
      media="(orientation: portrait)"
      href="portrait.css">
<link rel="stylesheet"
      media="(orientation: landscape)"
      href="landscape.css">
```

　この例ではメディアクエリを使って4つのCSSファイルを読み分けています。ブラウザの横幅が320ピクセル以下の場合はmax-320px.cssを、それより大きい場合はmin-320px.cssを読み込みます。orientationの値による振り分けでは、ブラウザの幅が高さより大きい場合はlandscape.cssを、高さが幅より大きい場合はportrait.cssを読み込むように指定しています。

┃ CSSセレクタの条件分岐

　メディアクエリは\<link\>要素によるCSSファイルの読み分けだけでな

注17　https://developer.mozilla.org/ja/docs/Web/CSS/@media

く、CSS中に記述することでセレクタ宣言の切り替えができます。CSS中のメディアクエリは、@mediaを組み合わせて宣言します。

次のCSSでは.siteHeaderに背景画像を指定していますが、ブラウザの横幅が320ピクセル以下の場合にはimage-320px.jpgが参照されるように記述しています。

```
メディアクエリを使ったレスポンシブな画像の指定
.siteHeader {
  background-image: url("image.jpg");
}

@media (max-width: 320px) {
  .siteHeader {
    background-image: url("image-320px.jpg");
  }
}
```

ブラウザの対応状況

ここまで紹介した機能を含むMedia Queries[18]の仕様は2012年6月にW3C勧告となり、Internet Explorerを含むほとんどのブラウザが仕様の大部分をサポートしています。

また、これらに加えて、Interaction Media Featuresと呼ばれるユーザーのhoverやpointerの状態をクエリとして利用する機能拡張がMedia Queries Level 4として検討されています。こちらは本書執筆時点で、Chrome、Safari、Edge、iOS Safariのみがサポートしています。

<picture>要素やsrcset属性による画像ロードの制御

<picture>要素やsrcset属性は、画像リソースをレスポンシブにロードする比較的新しい仕様です。HTMLドキュメントから画像を表示するには<img>要素がありますが、それを拡張する位置付けです。

また、ディスプレイのサイズや解像度に応じて切り替えるだけでなく、デバイスが対応している形式を選択させることもできます。図8.1で示した

注**18** https://www.w3.org/TR/css3-mediaqueries/

フローチャートの発展として、WebPに対応している環境であればWebP
を、それ以外であればJPEGをロードするといったことも宣言できます。

画像リソースのレスポンシブなロード

　srcset属性は<img>要素や後述する<source>要素と組み合わせて使いま
す。srcset属性に画像のファイルパスとディスプレイの解像度や画像の幅
を組み合わせて指定することで、ブラウザはそれをヒントに画像をロード
します。

```
srcset属性を使ったレスポンシブな画像のロード
<img …❶
  srcset="image-2x.jpg 2x"
  src="image.jpg"
  alt="Image description">
<img …❷
  srcset="image-200px.jpg 200w, image-400px.jpg 400w"
  sizes="(min-width: 600px) 100px, 50px"
  src="image.jpg"
  alt="Image description">
```

　❶の<img>要素のsrcset属性は、ファイルパスに対して2xというディス
プレイのピクセル密度のディスクリプタを指定しています。この記述によ
って、ディスプレイが高解像度の場合はimage-2x.jpgがロードされます。

　❷の<img>要素のsrcset属性には、ファイルパスに対して200wのような
画像幅のディスクリプタを指定しています。sizes属性にはメディアクエ
リに応じた画像サイズをカンマ区切りで指定します。この例では、ディス
プレイの幅が600ピクセル以上の場合は画像が横幅100ピクセルで表示さ
れ、それ以外の場合は横幅50ピクセルで表示されます。sizes属性から選
択された値とsrcset属性のファイルパスに指定されている画像幅のディス
クリプタとディスプレイのピクセル密度を計算して、image-200px.jpgと
image-400px.jpgから最適なほうが選ばれ、ロードされます。

　<picture>要素そのものにはレスポンシブなロードのしくみはなく、
<source>要素と組み合わせて使います。<source>要素にはsrcset属性や
sizes属性に加えて、media属性でメディアクエリを、type属性で画像の
MIMEタイプを指定できます。

```
<picture>要素を使ったレスポンシブな画像のロード
<picture>
  <source
    srcset="image-320px.webp"
    media="(max-width: 320px)"
    type="image/webp">
  <source
    srcset="image.webp"
    type="image/webp">
  <source
    srcset="image-320px.jpg"
    media="(max-width: 320px)">
  <img
    src="image.jpg"
    alt="Image description">
</picture>
```

　この記述によって、ブラウザ幅が320ピクセル以下かつWebPに対応している場合はimage-320px.webp、対応していない場合はimage-320px.jpg、それ以外の場合でWebPに対応している場合はimage.webp、どれにも該当しない場合はimage.jpgがロードされます。

　<picture>要素には<img>要素が必須です。これが非対応のブラウザへのフォールバックとして機能するので、後方互換性もおのずと提供されます。また、Picturefill[注19]というPolyfillもあります。

┃ ブラウザの対応状況

　<picture>要素および関連するsrcset属性などの仕様は、HTML 5.3[注20]にて定義されています。ブラウザの実装状況も、Chrome、Firefox、Safari、Edge（srcset属性に非対応）、iOS Safariといった主要なブラウザがサポートしているため、利用できるシーンは多くなっています。

注19　https://scottjehl.github.io/picturefill/
注20　https://w3c.github.io/html/semantics-embedded-content.html#the-picture-element

HTTP Client Hintsによる返却リソースの制御

HTTP Client Hints[注21] は、ピクセル密度やサイズといったデバイスの情報をHTTPのリクエストヘッダに付与するしくみです。

ここまで紹介してきたメディアクエリや<picture>要素と大きく異なるのは、クライアントサイドのプログラムではなく、サーバサイドのプログラムで制御する点です。サーバはこれらの情報に基づいてリソースを選択することで、クライアントに最適なリソースを届けることができます。

デバイス情報のリクエストへの付与

Client Hintsをサポートしているクライアントは、リクエスト時にデバイスの情報をHTTPリクエストヘッダに含めます。ピクセル密度が2、デバイスとブラウザの横幅が320ピクセル、ネットワーク回線の下りの最大速度が0.384Mbpsのときは、次のようになるでしょう。

```
HTTPリクエストヘッダに含まれるClient Hints
DPR: 2.0
Width: 320
Viewport-Width: 320
Downlink: 0.384
```

サーバサイドのプログラムはこれらを判定し、適切なリソースを選択します。画像のリクエストURLにファイルパスを含む場合、つまりimage.jpgへリクエストされたときも、状況に応じてimage-2x.jpgやimage-3x.jpgを返すように、動的な判定が必要になるでしょう。

ブラウザの対応状況

HTTP Client Hintsは本書執筆時点で策定中の仕様で、Chromeのみがサポートしています。

[注21]　http://httpwg.org/http-extensions/client-hints.html

8.6

まとめ

　Webにおいて画像は身近なものですが、最適化の方法や新しい画像形式は日々進化を続けています。今できる最善の方法についてノウハウを更新しつつ、同時にWebPのような新形式の普及も期待して待ちたいところです。

第 9 章

ネットワーク処理の効率化に
役立つポイント

　第2章と第3章でネットワーク処理について解説しましたが、この領域はWebを支える基盤としてより効率的な処理を実現するために、さまざまな最適化の方法が提案されています。

　本章ではその中でも実用段階に入りつつある方法として、Service WorkerとResource Hintsを題材に、今後のWebフロントエンドでネットワーク処理の効率化に役立つポイントを解説します。

9.1
Service Workerによるネットワークリソースの制御

　Service Workerは、キャッシュデータの永続的管理や、サーバからのプッシュデータの受信、スケジュールされたバックグラウンド処理の実行など、新たなWeb体験を実現する現在策定中の仕様です。

　ブラウザ関連の仕様として規定されているWorkerには、Service Workerのほかに Web Worker などがあります。Web Workerについては、7.1節で実際の利用例としても紹介しています。いずれのWorkerもブラウザスレッド[注1]とは別のワーカスレッドで、JavaScriptによって各種の処理を行うための役割を持っています。

Service Workerとは何か

　まずは、Service Workerという仕様がどのようなものなのかを確認しましょう。

バックグラウンドで動作するWorker

　Service Workerはインストールして使うという概念があります。Service Workerはインストールされると、インストールのきっかけになったWebページが開かれていない状態でも、さらにオフライン状態であっても、ブラウザ内においてバックグラウンドで動作します（**図9.1**）。

注1　メインスレッドと同義ですが、ワーカスレッドとの対義としてここではブラウザスレッドと呼称します。

　Web Workerは、Webページを開くたびに `new Worker('worker.js')` のように して、フォアグラウンドであるブラウザスレッドからワーカスレッド を毎回呼び出さなければ動作しません。それに対してService Workerは、 インストールされたあとならばWebページを開く以外のきっかけでもバッ クグラウンドで動作できます。これまでWebページの関連処理にはバック グラウンド動作という概念がなかったため、iOS、Androidアプリのように プッシュ通知を受け取るようなことができませんでしたが、Service Worker はそれを可能にします。

　また、Service Workerは必要なときに起動し、処理が終わると終了しま す。そのため、後述するライフサイクル間でデータを共有したり、ブラウ ザスレッドとやりとりするデータを保存しておくには、JavaScriptの変数 ではなくIndexedDBで永続化する必要があります。

　バックグラウンド動作を中心としたService Worker固有の機能を必要と せず、7.1節で紹介したように重い処理をワーカスレッドに委譲するなどの 用途であれば、シンプルにWeb Workerを利用すればよいでしょう。

図9.1　**Service Workerの動作**

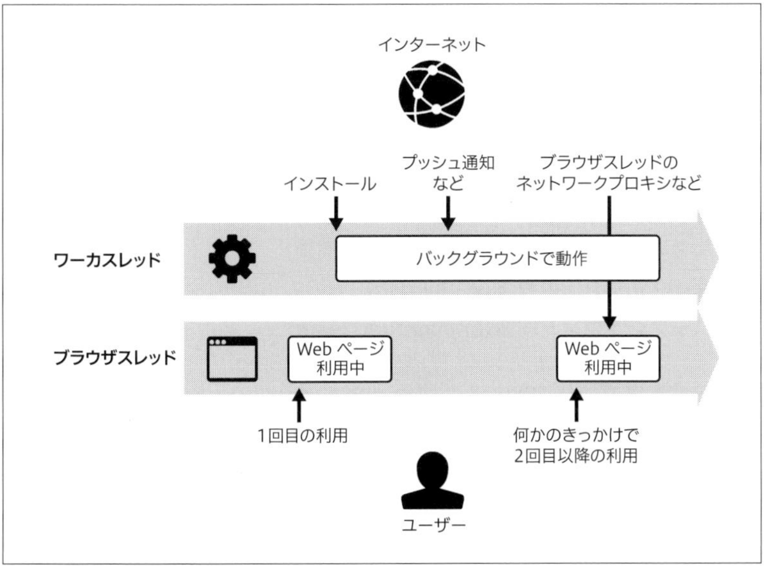

インターネット

インストール　　プッシュ通知　　ブラウザスレッドの
　　　　　　　　など　　　　　ネットワークプロキシなど

ワーカスレッド　　　　　　　　　バックグラウンドで動作

ブラウザスレッド　　Web ページ利用中　　Web ページ利用中

1回目の利用　　　　何かのきっかけで
　　　　　　　　　2回目以降の利用

ユーザー

HTTPS環境でのみ利用可能

Service Workerの機能は非常に強力である反面、改ざんされたときのリスクは高くなります。そのため、HTTPSで提供されるWebサイトにのみインストールできるようになっています。また、localhostでも動作するようになっているので、開発時にはこちらを利用します。

ブラウザの対応状況

ChromeやFirefoxでは積極的に実装が進められており、Service Worker関連仕様の多くがすでに利用できます。他主要ブラウザについて本書執筆時点では、SafariのレンダリングエンジンであるWebKitやEdgeでは開発中のステータスに入っています。日本国内でモバイル環境として大きいシェアを占めるiOS Safariですぐに活用できないのは残念ですが、モバイルWebで利用できる未来はそう遠くありません。また、デスクトップブラウザでのシェアはすでに大きく、導入する価値は十分にあると言えます。Internet ExplorerとAndroid Browserについては、それぞれEdgeとChromeにOS標準ブラウザの位置付けを譲っているため、積極的な機能開発は見込まれず今後もService Workerが使えるようになることはないでしょう。

Service Workerで実現されるネットワーク機能

Service Workerではバックグラウンドで動作し続ける特性を活かし、次のような機能を利用できます。

- リクエストへの割り込みとレスポンス制御
- サーバプッシュの受信(*Web Push*)
- バックグラウンド同期(*Background Sync*)

ほかにも位置情報に応じてアクションをするためのGeofencing APIや、Webにおける決済のやりとりを規格化するWeb Paymentsにおける認証機能など、さまざまな機能や用途が検討されていますが、本書ではネットワークの性能向上に役立つ機能を抜粋して紹介します。

リクエストへの割り込みとレスポンス制御

Service Workerはリクエストへの割り込みという非常に強力な機能を備えています。割り込んだリクエストに対して中間処理を適用できるので、ローカルプロキシのような振る舞いをJavaScriptで実装して、アプリケーション側から提供できます。それに加えてCache APIを使うことで、key-value方式でのキャッシュの保存と参照を可能にし、Fetch APIを使うことでこれまでブラウザの中に隠蔽されていたネットワーク処理に対する細かな制御が可能になります。

ブラウザスレッドでは、CSSや画像などのリソースのダウンロード時やリンクのクリック時に、サーバへのリクエストを発生させます。Service Workerではそういったリクエストを制御し、任意のレスポンス、たとえばCache APIから取得したリソースのデータなどをブラウザスレッドに返却できます。リクエストの細かなコントロールの方法として、そして不確かなブラウザキャッシュに頼らないキャッシュの利用手段として期待されています。この機能を使ったキャッシュ戦略については、Service Workerのライフサイクルと実際にセットアップするサンプルコードを踏まえ、追って紹介します。

サーバプッシュの受信

サーバ側がクライアントにデータをプッシュする手段には、Googleが主にAndroid向けに提供しているGCM (*Google Cloud Messaging*)や、iOSのAPNs (*Apple Push Notification Service*)があります。WebSocketやHTTP/2でもサーバプッシュを行うことができます。

サーバからプッシュされたデータを受信する機能は、ネイティブアプリケーションにはありましたが、Webのプラットフォームにはありませんでした。それがService Workerで実現します。

アプリケーションはプッシュサーバを介してさまざまなデータを任意のタイミングで送信できます。コンテンツに更新があればリソースを送信し、Service Worker上でクライアントのキャッシュを差し替えてもよいでしょう。表示を更新するためのテキストを送信し、ブラウザスレッドへのメッセージ経由でブラウザのHTMLを更新することもできます。

このように、プッシュサーバから受信したデータはさまざまな形で応用

が効きます。Web Push も Web プラットフォームの可能性を大きく広げる機能と言えるでしょう。

▌ バックグラウンド同期

　ToDo リストやドキュメントの編集といったリアルタイムな処理の必要性が低いアプリケーションは、オフラインで編集させローカルに保存しておき、データの同期はオンラインになったタイミングで行えば十分な場合がほとんどです。オフラインでも部分的に動作するアプリケーションとして、Google ドライブがあります。Google ドライブの設定でオフラインアクセス機能をオンにする[注2]と、インターネットに接続していないときでもドキュメントの閲覧や編集が行えます。

　このようなデータの同期を実装する場合、従来からサーバに対して一定の周期でリクエストを行うというアプローチがあります。ただしこの方法は、オンラインのときはよくても、オフラインでは、オンラインに切り替わり同期が成功するまでリクエストし続けます。さらに Web アプリケーションを常に起動しておく必要もあり、効率の良い方法とは言えません。

　Service Worker のバックグラウンド同期は、オフラインからオンラインに復帰したときなど、ブラウザがサーバと通信できるようになったタイミングを得る機能です。先の例もバックグラウンド同期を使えば、オフラインで失敗するリクエストを Service Worker で保存しておき、リクエストが可能になったら再度リクエストするといったように効率的に処理できます。

▌ Service Worker の登録とリクエストの制御

　Service Worker を利用するための実行サイクルを、コード例を交えて解説します。Service Worker の基本的なライフサイクルとネットワークリソース制御の機構を理解していきましょう。

▌ Service Worker の登録

　レスポンスのキャッシュやサーバプッシュの受信などの Service Worker

注2　https://support.google.com/drive/answer/2375012?hl=ja

が提供する機能は、既存のWebページへもプログレッシブエンハンスメントとして導入しやすいものです。つまり、対応しているブラウザへのみService Workerをインストールして、補助的に機能させることもできます。

```js
// browser.js
// navigator.serviceWorkerがある場合
if (navigator.serviceWorker) {
  // service-worker.jsをService Workerとして登録する
  navigator.serviceWorker.register('service-worker.js', {
    scope: '/'
  }).then(registration => {
    return navigator.serviceWorker.ready;
  }).then(registration => {
    console.log('登録に成功しました', registration);
  }).catch(error => {
    console.log('登録に失敗しました', error);
  });
}
```

register()メソッドの第2引数にはService Workerが有効である範囲をスコープとして指定します。{scope: '/foo/'}が指定されると、/foo/配下で発生するリクエスト(/foo/bar.htmlにおけるサブリソースへのリクエストなど)はService Workerによって検知が可能になります。第2引数は省略可能であり、省略した場合、指定したService Workerのスクリプトファイルのディレクトリがスコープとして使われます。

┃ インストール —— installイベント

ブラウザスレッドでService Workerの登録が行われると、Service Workerスレッドでinstallイベントが発生します。インストールのステップでは、あらかじめキャッシュしておきたいファイルの用意など、ブラウザスレッドが実行される前に行っておきたいことを実施します。

次の例では、installイベント中に、app.jsとapp.cssの2つのファイルをキャッシュしています。

```js
// service-worker.js
self.addEventListener('install', event => {
  // cache-key-nameをキーに、キャッシュにリソースを登録する
  const saving = caches.open('cache-key-name').then(cache => {
```

```
    return cache.addAll([
      'app.js',
      'app.css',
      'lena.jpg'
    ]);
  });

  event.waitUntil(saving);
});
```

　event.waitUntil()メソッドはPromiseを引数に取り、installイベント
の完了前に実行することを保証してくれるので、実施したい処理でPromise
を返し、event.waitUntil()メソッドに渡します。実施したい処理がなけ
れば、installイベントをハンドルする必要はありません。

　caches.open()やcache.addAll()などのメソッドはPromiseを返すので、
installイベント中での実行が保証されます。このときキャッシュの処理
が何らかの理由で1つでも失敗すると、Service Workerのインストールは
失敗となり、ページのロード時に再びインストールが実行されます。Service
Workerのインストールの成功は、定義した処理が実行されたこと（この場
合はリソースが確実にキャッシュされたこと）を意味します。

　Service Worker（service-worker.js）はWebページにアクセスするたび
にダウンロードされ、インストールされているスクリプトと差異がないか
をブラウザによってチェックされます。差異がある場合は新たなバージョ
ンのService Workerとして認識され、再びインストールが行われます。差
異のチェック頻度はservice-worker.jsに対するキャッシュの指定でコン
トロールできますが、少なくとも24時間に1回は行われます。

▐ アクティベーション —— activateイベント

　インストールされたService Workerが実行可能になると、activateイベ
ントが発生します。アクティベーションはインストールされたService
Workerの整合性を保つために必要です。

　たとえばService WorkerをインストールするWebサイトにアクセスし、
そのタブが終了されない間にWebサイトが配信するService Workerが更新
されたとします。このとき、別のタブで同じWebサイトにアクセスすると
新しいService Workerがインストールされ、同じURLに対して異なるバー

ジョンの Service Worker が存在することになります。

　古い Service Worker は、ページのリロードやタブの終了などで利用されなくなるまで維持されます。そして、新しいバージョンの Service Worker の実行が保証されると activate イベントが発生します。

　次のコードは、activate イベントの際に cache-key-name というキーで定義されたキャッシュ以外を削除している例です。

```
service-worker.js
self.addEventListener('activate', event => {
  // キーがcache-key-name以外のキャッシュを削除する
  const deleting = caches.keys().then(cacheKeys => {
    return Promise.all(
      cacheKeys.map(cacheKey => {
        if (cacheKey !== 'cache-key-name') {
          return caches.delete(cacheKey);
        }
      })
    );
  });

  event.waitUntil(deleting);
});
```

　install イベントの発生時はまだ古いバージョンの Service Worker が存在している可能性があるため、キャッシュの削除をしてしまうとキャッシュを参照できなくなる可能性があります。そのため、キャッシュの削除はこのアクティベーションのステップで行うべきです。

▌リクエストの検知と割り込み処理 —— fetchイベント

　Service Worker では、ほかのページへの遷移やページのリロード、`<img>` 要素など HTML から発生するサブリソースの要求に伴い発生する HTTP リクエストを検知します。HTTP リクエストを検知すると、Service Worker スレッドで fetch イベントが発生します。そして検知したリクエストに対し、Service Worker から任意のレスポンスを返すことができます。

```
service-worker.js
// ブラウザスレッドで発生するHTTPリクエストを検知する
self.addEventListener('fetch', event => {
```

```
  // リクエストに対し、作成したレスポンスで返却する
  event.respondWith(new Response());
});
```

　ここで、Cache APIで保存したキャッシュを返すことで、ネットワーク
を介すことなくリクエストを解決できます。

```service-worker.js
self.addEventListener('fetch', event => {
  const fetching = caches.open('cache-key-name').then(cache => {
    // キャッシュからリクエストにマッチするものを探す
    return cache.match(event.request).then(response => {
      // 見つかったらそれをレスポンスとして返し
      // 見つからなかったらそのままリクエストする
      return response || fetch(event.request.clone());
    });
  });

  event.respondWith(fetching);
});
```

　キャッシュが見つからなかった場合に event.request プロパティを
clone() メソッドで複製しているのは、このプロパティがキャッシュの探
索やリクエストに使ったあと再利用できないためです。

Service Workerを使ったキャッシュ戦略

　ここまで解説したService Workerの基本的な使い方を踏まえて、Webペ
ージでロードするリソースのキャッシュ戦略を立てていきます。

installイベント時の優先度の高いリソースのキャッシュ

　オフライン化という目的でなければ、すべてのページリソースをキャッ
シュさせる必要はありません。Service Workerのインストールとともに保
存したいリソースが増えれば増えるほど、インストール完了までの時間は
長引き、キャッシュしたいリソースの取得失敗などによるインストール失
敗のリスクは高まります。

　このようなリスクを踏まえると、参照する頻度が高いリソースだけを優
先してキャッシュするという選択肢が考えられます。そうすればインスト

ールにかかる時間を短縮しつつ、得られるキャッシュの恩恵も大きいでしょう。

以下にinstallイベントでリソースをキャッシュする例を挙げます。

```js
service-worker.js
self.addEventListener('install', event => {
  const saving = caches.open('cache-key-name').then(cache => {
    // インストールとともにキャッシュが保証される
    return cache.addAll([
      ...
      ...
      ...
    ]);
  });

  event.waitUntil(saving);
});
```

この場合、cache.addAll()メソッドに指定したリソースのうち1つでも保存に失敗すると、event.waitUntil()メソッドに渡されたPromiseはリジェクトされるため、Service Workerのインストールは失敗します。また、保存するリソースが多いほどinstallイベントが長引き、Service Workerの登録完了後にブラウザスレッドで呼び出されるnavigator.serviceWorker.ready.then()メソッドのコールバック関数の実行を遅延させる懸念もあります。

以下は、installイベントでキャッシュされることを保証したいリソースと、そうでないリソースに分割した例です。

```js
service-worker.js
self.addEventListener('install', event => {
  const saving = caches.open('cache-key-name').then(cache => {
    // キャッシュが実施されるけど保証されない
    cache.addAll(...);

    // インストールとともにキャッシュが保証される
    return cache.addAll(...);
  });

  event.waitUntil(saving);
});
```

cache.addAll()メソッドを2回実行していますが、installイベントでのリソースの保存完了は、event.waitUntil()メソッドにPromiseを渡している後者のみ保証されます。前者もキャッシュ処理は実施されるので、Service Workerのインストール完了の時点でキャッシュしておきたいリソースかどうかで分割するのも一つの判断基準です。

　ページの表示にクリティカルであり、更新頻度が低く、ファイルサイズが重いものほど、キャッシュされたときに威力を発揮します。たとえば、ReactやAngularのようなJavaScriptライブラリや、Webフォントのファイルなどがそうです。こうしたWebページの表示に重要なリソースを優先的にキャッシュ対象としてもよいでしょう。

fetchイベント時の選択的キャッシュ

　リソースのキャッシュのタイミングはinstallイベントに限らず、fetchイベントでも可能です。

　先ほどfetchイベントの説明で、リクエストに対応するレスポンスをcacheオブジェクトから探して返却する例を紹介しました。これを応用して、キャッシュ対象としてあらかじめ選ばれたリソースのみをキャッシュしてみましょう。

　次の例では、対応するレスポンスがキャッシュに存在しない場合に、再度fetch()メソッドでリクエストを促しますが、これが成功した場合にレスポンスをキャッシュに保存しています。つまり、インストール時などのキャッシュ処理にかかわらず、発生したリクエストのレスポンスをすべて保存することになります。

```
service-worker.js
self.addEventListener('fetch', event => {
  const fetching = caches.open('cache-key-name').then(cache => {
    return cache.match(event.request).then(response => {
      if (response) {
        // event.requestに対するキャッシュが見つかったのでそれを返却
        return response;
      } else {
        return fetch(event.request.clone()).then(response => {
          // 40x、50xのときはokプロパティがfalseになる
          if (!response.ok) {
            throw new Error(response.statusText);
```

```
        }

        // 取得したリソースをキャッシュに登録
        cache.put(event.request, response.clone());
        // 取得したリソースを返却
        return response;
      });
    }
  });
});

event.respondWith(fetching);
});
```

　ここではリソースを問わずにキャッシュとして保存していますが、Request
やResponseに応じた処理もできます。たとえば、画像リソースのみを保存
したい場合は、ResponseのheadersプロパティのContent-Typeやurlプロ
パティの値で判断できるでしょう。

　保存するリソースをあらかじめ決めておけば、キャッシュ対象がコード
上で明確になり、むやみにキャッシュさせずに済みます。次の例では❶の
CACHE_FILESでキャッシュ対象のファイルを定義しています。

```
service-worker.js
const CACHE_FILES = [ …❶
  'app.js',
  'app.css',
  'app.png'
];

self.addEventListener('fetch', event => {
  if (!CACHE_FILES.some(file => event.request.url.includes(file))) {
    return;
  }

  const fetching = caches.open('cache-key-name').then(cache => {
    return cache.match(event.request).then(response => {
      if (response) {
        // event.requestに対するキャッシュが見つかったのでそれを返却
        return response;
      } else {
        return fetch(event.request.clone()).then(response => {
          // 40x、50xのときはokプロパティがfalseになる
```

```
      if (!response.ok) {
        throw new Error(response.statusText);
      }

      // 取得したリソースをキャッシュに登録
      cache.put(event.request, response.clone());
      // 取得したリソースを返却
      return response;
    });
  }
  });
});

event.respondWith(fetching);
});
```

　CACHE_FILESにマッチしないリクエストは、キャッシュから探したり
fetch()メソッドでリソースを取得してキャッシュへ保存したりなどの処
理を通らないので、オーバーヘッドも小さく済みます。

9.2
Resource Hintsによるリソースの先読み

　Webページは多数のリソースから構成されます。HTTP/1においては特
に、DNSルックアップやTCPハンドシェイクなど、リクエストに伴うコス
トは増えがちです。また、構成するリソースの総量が多ければ、ページを
表示しようとしたときに経過する時間は必然的に長引きます。
　こうしたWebページのロード時に発生するネットワーク処理に費やす時間
を軽減するために、Resource Hints[注3]という仕様の策定が進められています。

Resource Hintsとは何か

　Resource Hintsは、Webページにこれから必要になるリソースを、<link>

注3　https://w3c.github.io/resource-hints/

要素を使ってブラウザに事前に伝える手段です。ブラウザはアイドル中、与えられたヒントからそのページで発生する次のナビゲーションやリクエストに備えます。

▋先読みしたいリソースのヒント

リソースをリクエストしてからそれを評価するまでの一連の処理は、次の4つに分解できます。

❶指定された URL から接続先となる IP アドレスを割り出す DNS ルックアップ（DNS Prefetch）
❷指定された URL への TCP 接続（Preconnect）
❸リソースのダウンロード（Prefetch）
❹ダウンロードしたリソースの評価（Prerender）

Resource Hints には、これらのプロセスそれぞれをブラウザに事前に準備してもらうための仕様が定められており、括弧内がそれぞれに対応する仕様です。

▋ほかの処理を阻まない投機的な取得

次のナビゲーションに備えて事前に準備しておくというアイデア自体は以前からありました。たとえば XMLHttpRequest を使って CSS をリクエストしたり、ユーザーに見えないようにした `<img>` 要素で画像をダウンロードしたりしておけば、ブラウザにキャッシュされるので次回のリクエストでは通信が省かれます。

しかしこれらの処理はアプリケーションに制御され、ブラウザのコントロール下にありません。処理のタイミングを誤ると、次のページに必要なリソースのダウンロードにネットワーク帯域を使ってしまい、現在のページ表示を妨げてしまうこともあります。アプリケーションにとって望ましいのは、現在のページの表示を優先しつつ、処理を阻まないようブラウザのアイドル中に準備をしてもらうといったような、投機的な振る舞いです。

Resource Hints では指定されたリソースは、ブラウザが最適なロジックを選ぶヒントになります。

ブラウザの対応状況

　Resource Hints の対応状況には各ブラウザで差がありますが、本書執筆時点でも Chrome や Firefox では比較的良好な対応状況にあります。詳細は以降で紹介しますが、Resource Hints は <link> 要素で事前に処理させたいリソースを指定するだけでよく、未対応のブラウザでも無視されるだけなので副作用はありません。対応しているブラウザに限り、より高度な最適化が提供できることになるので、プログレッシブエンハンスメントとして積極的に利用しましょう。

Resource Hintsで行う投機的な処理

　Resource Hints の仕様には DNS Prefetch、Preconnect、Prefetch、Prerender の 4 つが定められています。これらを順に解説していきます。

DNS PrefetchによるDNSの事前ルックアップ

　ブラウザは日々大量の DNS ルックアップを行っています。Chrome のロケーションバーに chrome://histograms/DNS と入力すると、ブラウザを起動してから行われた DNS ルックアップに関する統計が表示されます。

　次のグラフは統計のうち DNS.ResolveSuccess を抜粋したもので、各行は DNS ルックアップにかかった時間とその分布を表しています。

```
DNSルックアップにかかった時間を示すDNS.ResolveSuccessのグラフ例
Histogram: DNS.ResolveSuccess recorded 3548 samples, mean = 39.8 …❶
0     ------------------------------------0 (382 = 10.7%)
1     ----------------------0             (213 = 6.0%) {10.7%} …❷
2     -----------0                        (118 = 3.3%) {16.8%}
3     ------------------0                 (174 = 4.9%) {20.1%}
4     -----------------------------------0 (346 = 9.7%) {25.0%}
5     ----------------0                   (168 = 4.7%) {34.8%}
6     -------------0                      (136 = 3.8%) {39.5%}
7     -----------0                        (120 = 3.4%) {43.3%}
8     ----------0                         (106 = 3.0%) {46.7%}
9     -----------0                        (115 = 3.2%) {49.7%}
10    -------0                            (159 = 4.5%) {52.9%}
12    --------0                           (177 = 5.0%) {57.4%}
14    -------0                            (159 = 4.5%) {62.4%}
...
```

```
571   0                                    (1 = 0.0%) {99.2%}
659   0                                    (2 = 0.1%) {99.3%}
761   0                                    (0 = 0.0%) {99.3%}
878   0                                    (5 = 0.2%) {99.3%}
1013  0                                    (5 = 0.2%) {99.5%}
1169  0                                    (4 = 0.1%) {99.7%}
1349  0                                    (1 = 0.0%) {99.9%}
1557  0                                    (0 = 0.0%) {99.9%}
1797  0                                    (1 = 0.0%) {99.9%}
2763  0                                    (2 = 0.1%) {99.9%}
```

　一番上の❶には統計の概要が表示されており、平均39.8ミリ秒かかっていることがわかります。ページロードの過程においてDNSルックアップは始めに行われる処理の一つに過ぎず、HTMLドキュメントのダウンロードと評価、サブリソースのダウンロードと評価、レンダーツリーの構築とレンダリングといった処理があとに控えています。RAILモデルにおいて1,000ミリ秒とされているページロード時間の理想的な基準を鑑みれば、39.8ミリ秒はけっして小さい数字ではありません。

　2行目以降には、DNSルックアップにかかった時間と回数、割合が降順で表示されます。❷の行を見てみると、1ミリ秒かかったDNSルックアップが213回あり、それが全体のうち6.0%を占めていることがわかります。行末の値は、その行より上にある、速かったDNSルックアップの割合です。

　このDNSルックアップを実行するヒントとなるのがDNS Prefetchです。DNS Prefetchは`<link rel="dns-prefetch">`のように宣言し、ブラウザはhref属性で指定されたホストへのDNSルックアップを行います。この実行結果はキャッシュされるため、以降のリクエストに伴って発生するDNSルックアップのコストを抑えられます。

DNS Prefetchを使った投機的なDNS解決
```
<link rel="dns-prefetch" href="//foo.example.com">
<link rel="dns-prefetch" href="//bar.example.com">
<link rel="dns-prefetch" href="//baz.example.com">
```

　Webページの接続先ホストは、HTTP/2の普及でドメインシャーディングされなくなったとしても、1つや2つになることは考えにくいです。異なるドメインのWebサイトへの遷移時や、CDNやサードパーティスクリプトの利用など、多くのドメインを参照することも珍しくありません。

そうしたときに発生するDNSルックアップやTCP接続の処理は、少なからずコストになります。これらはDNS Prefetchによって軽減できます。Webサイトの接続先ホストのうち、接続する可能性の高いホストをピックアップしてDNS Prefetchの対象にすることで、名前解決のコストを削減できるでしょう。このアプローチはAmazonなどでも実際に行われており、さまざまなロード処理の高速化に役立っています。

Preconnectによる TCP の事前接続

TCP接続には、DNSルックアップとTCPハンドシェイク、そしてHTTPSへの接続であればSSL/TLSのネゴシエーションといった処理が伴います。これらの処理によるオーバーヘッドは小さくなく、合計で100ミリ秒かかるものも珍しくありません。また、接続先ホストが多いほど増大してくるので、多数の外部サーバからリソースを取得していたり、レイテンシが特に大きい接続先があったりする場合には、TCP接続も小さなボトルネックとなり得ます。

こうした場合に効果的なのがPreconnectです。Preconnectは`<link rel="preconnect">`のように宣言し、ブラウザはhref属性で指定されたホストに対してTCP接続を行います。処理結果はキャッシュされるので、指定ホストへすぐにでもリクエストできます。

```
Preconnectを使った投機的なTCP接続
<link rel="preconnect" href="https://example.com">
```

PreconnectはDNS Prefetchと異なりTCP接続まで確立します。そのため、リソースのURLが特定できていない場合でもホストサーバへ接続しておくなどが効果的です。たとえば別ホストのAPIサーバやストリーミング動画の配信サーバへPreconnectを使ってTCP接続を確立しておくことで、サーバへいざリクエストが発生したときに、すぐに通信を開始できます。

Prefetchによるリソースの事前ダウンロード

ブラウザがリソースをダウンロードする過程で、ファイルサイズの大きさやネットワーク帯域の狭さなどの理由から、ダウンロード処理そのものがボトルネックになる場合もあります。このダウンロード処理による遅延

を軽減するのに有効なのが Prefetch です。Prefetch は `<link rel="prefetch">`のように宣言し、ブラウザは href 属性で指定されたリソースをダウンロードしてキャッシュします。

```
Prefetchを使った投機的なリソースのダウンロード
<link rel="prefetch"
      href="image.jpg"
      as="image"
      crossorigin="use-credentials">
<link rel="prefetch"
      href="app.js"
      as="script">
```

as 属性による種別の指定は、任意ですが重要です。これを適切に指定しておくことで、ブラウザによるリソースの解析を助けます（**表9.1**）。

また、実際にリクエストしてダウンロードまで行うため、サーバの CORS（*Cross-Origin Resource Sharing*）の制限対象になります。この場合は、必要に応じて crossorigin 属性に anonymous（Cookie などの認証情報をリクエストに含まない）か use-credentials（Cookie などの認証情報をリクエストに含む）を指定してください。

Prefetch はリソースの URL を特定している場合に適用できます。そのため、次のナビゲーション以降で必要となるリソースがある場合に指定しておくことで、遷移後に Prefetch によるキャッシュを活用できます。たとえば、ログインページであればログイン後の遷移先が特定できるので、CSS、Java Script、画像ファイルといったリソースをキャッシュしておけるでしょう。

表9.1 **as属性の値と対応するリソース種別**

as属性の値	リソース種別
media	audio 要素や video 要素などでロードされるメディア
script	script 要素やワーカ内の importScripts() メソッドでロードされるスクリプト
style	link 要素や CSS の @import などでロードされる CSS ファイル
font	CSS の @font-face でロードされるフォント
image	img 要素、picture 要素、srcset 属性、スタイルなどでロードされる画像
worker	Worker や SharedWorker などのワーカ
embed	embed 要素でロードされるオブジェクト
object	object 要素でロードされるオブジェクト
document	iframe 要素や frame 要素でロードされるドキュメント

Column

Preloadによるリソースの優先的な事前ダウンロード

　Prefetchと非常によく似た仕様にPreload[注a]があります。Preloadは`<link rel="preload" href="app.js" as="script">`のように宣言し、指定したリソースをダウンロードします。Resource Hintsの投機的な振る舞いとは異なり、より優先的にダウンロードするための機能です。これを使えば、クリティカルレンダリングパスの構築を早めてレンダリングの開始を促すこともできます。

　たとえばCSSやJavaScriptなどのサブリソースから参照されており、3.4節で紹介したプリロードスキャンの対象とならないリソースのダウンロードは、参照元リソースのロードのタイミングに依存します。これらをPreloadで指定しておくことで、ネットワーク帯域を有効活用し、サブリソースのダウンロードを含めた最終的なレンダリングの完了を早められます。

　次のコードは、画像ファイルを参照しているCSSと、それをロードするHTMLです。Preloadによるリソース指定はありません。

背景画像としてリソースを参照しているstyle.css

```
body {
  background-image: url(foo.jpg); …❶
}
```

style.cssを参照しているHTML

```
<!doctype html>
<html>
  <head>
    ...
    <link rel="stylesheet" href="style.css"> …❷
  </head>
  <body>
    ...
  </body>
</html>
```

　この例ではHTMLからstyle.cssを参照し（❷）、style.cssから画像リソースを参照しています（❶）。ブラウザはstyle.cssを評価するまで画像リソースの存在を知り得ないので、foo.jpgをダウンロードできません。そのため、style.cssのロードが遅延するほど画像のダウンロードも遅れます。

　これをPreloadを使って示唆すると、次のようになります。

注a　http://w3c.github.io/preload/

```
┌─ Preloadで画像リソースのダウンロードを示唆 ─┐
<!doctype html>
<html>
  <head>
    ...
    <link rel="preload" href="foo.jpg" as="image"> ···❶
    <link rel="stylesheet" href="style.css">
  </head>
  <body>
    ...
  </body>
</html>
```

❶の Preload によって、style.css のロード状況に関わらず foo.jpg が優先してダウンロードされます。このようにクリティカルレンダリングパスには関与しないリソースも、Preload によるロードの最適化を検討できます。ATF に含まれ、CSS などのサブリソースから参照している画像や Web フォントなど、比較的重いリソースを指定すると効果的です。

▍ Prerenderによる事前レンダリング

Prefetch でリソースを取得しても、それらを評価してレンダリングするには別途処理が必要です。ナビゲーション先のリソースをすべて取得し、レンダリング処理まであらかじめやっておくことで、ページ遷移そのものを高速化してしまおうというのが Prerender です。

Prerender は `<link rel="prerender">` のように宣言し、ブラウザは href 属性で指定された URL のコンテンツを事前にロードしレンダリングします。対象ページのサブリソースのロードから、レイアウトやレンダリングといったページロードにおける一連の処理を行います。現在のページにいながら対象ページがバックグラウンドでレンダリングされるため、ナビゲーション時のレンダリングはとても高速に行われます。

```
┌─ Prerenderを使った投機的なページレンダリング ─┐
<link rel="prerender" href="https://example.com/next.html">
```

ユーザー体験については効果的な反面、ほかの Resource Hints に比べて高コストであり、ブラウザへの負担は小さくありません。そのため、ログ

インページやキャンペーンページの遷移先のような高い確率で発生するナビゲーションを選ぶなど、慎重に取り扱うべきです。

9.3
まとめ

　十分に普及するのはもう少し先になりますが、いずれもプログレッシブエンハンスメントの位置づけで導入が可能な技術です。Webのユーザー体験を向上させるためのさらなるアプローチとして、積極的に試していきましょう。

高速なモバイルWeb体験のためのAMP

　ユーザーにWebページをなるべくすばやく表示するという目標は、Webコンテンツを提供するプラットフォーム事業者にとっても大きな意味を持ちます。たとえばGoogleという検索エンジンを利用することでユーザーがすばやく必要な情報にアクセスできるという体験は、彼らのビジネスにとって重要です。

　しかし、モバイル環境においてWebページの表示速度は、ユーザー体験として依然厳しい状況にあると言わざるを得ません。これを解決するためにGoogleは、Accelerated Mobile Pages Project注a（以下、AMP）という、Webページをモバイル環境で高速に表示させるためのオープンソースプロジェクトを立ち上げました。

　AMPの基本的なアイデアは、コンテンツ提供者による表示速度に特化したHTMLのサブセットであるAMP HTMLの提供と、AMP Cacheと呼ばれるCDNによるAMPコンテンツの高速な配信です。GoogleなどAMPに対応したプラットフォーム事業者のWebからAMPに対応した一般のWebページを開こうとすると、通常のWebページの代わりに、CDNから配信されるAMP HTMLがプラットフォーム側のプリレンダリング技術などとの併用により高速に表示されます。

　コンテンツが高速に表示されるのは、プリレンダリング技術やCDNによる配信もありますが、最も大きいのはAMP HTMLに課せられた実装上の制約です。自前のJavaScriptは一切利用できませんし、<img>や<video>などのメディア要素や、<iframe>のような要素もそのままでは使えません。代わりに<amp-img>や<amp-iframe>のような独自要素を利用します。この要素の中で、Webページを高速で表示するための最適化が行われます。AMP HTMLはこのような制約が強いため、広告やアクセス解析、ソーシャル共有ボタンなどもすべて<amp-***>の命名規則に従ったタグを記述する必要があります。代わりにベストプラクティスが遵守されるので、高速な表示が保証されるというわけです。

　本書では、AMP HTMLのような制約を持たないWebページを、Webの表現力を最大限に活かしつつ可能な限り高速に動作するように作る方法について説明してきました。このような開発者の努力に依存したアプローチとは異なり、AMPはルールに従えば誰もが高速に表示されるWebページを作るためのしくみを提供するアプローチです。アプローチが違うだけでなく、活きてくる場面も違いますが、最近のWebが提供できる速度体験の一つとして、導入を検討してみてもよいでしょう。

注a　https://www.ampproject.org/

▌あとがき

　本書を読んでおわかりいただけたかと思いますが、Webページの速度改善には広範な知識が要求されます。HTML、CSS、JavaScriptといった技術要素はもちろん、ネットワークやブラウザの内部処理、JavaScriptフレームワーク、計測指標と計測方法など、Webフロントエンドに要求される知識のすべてがWebページの速度改善には詰まっています。

　Webページの速度改善について学ぶということは、Web開発者として長く使える大事な知識を得ることでもあります。今後もソフトウェア、ハードウェア、ネットワークなどの面でクライアントサイド環境に変化が訪れることが予測されますが、本書の内容をしっかりと実践して自分のものにできれば、開発者としての「強み」になると確信しています。

　Webページの速度改善とは、基本的にはWebページを実行するための処理をあらゆる面から効率化することであり、そのノウハウは速度改善以外でも力を発揮します。たとえばPWAのような考え方によりWeb技術で動くプロダクトの利用時間がネイティブアプリ並に増えることで、バッテリ消費量もWeb開発者にとって重要なポイントの一つになるかもしれません。実際、バッテリ面のパフォーマンスについては各ブラウザベンダーが昔から取り組んでいる課題の一つですし、ネイティブアプリの開発でも一般的な観点です。基本的には処理が効率的であればバッテリの消費も少なくて済むので、そのような場面でも本書の内容は役に立つはずです。

　一方で、Webページの速度に関わるAPIや仕様は今後も新しいものが登場するでしょうし、そのときどきで速度に関する問題意識は変化します。たとえば、昔は速度と言えばページロードに関心が集中していましたが、今はランタイムも注目されるようになったことなどです。近年、プロダクト開発における複雑性の比重は、サーバサイドからクライアントサイドに移動してきています。要求される機能の高度化や表現のリッチ化を踏まえると、Web開発者が意識しなければならない課題も増えていくことでしょう。このような、いわゆる時代の流れと言えるような部分については、キャッチアップし続ける必要があることを忘れないでください。

　最後に、本書の内容が速度改善にとどまらず、Webフロントエンド開発の確かな知識として、みなさんの役に立つことを願っています。

索引

著者プロフィール

佐藤 歩（さとう あゆむ）

Webアプリケーション開発屋のあほむです。専門はWebフロントエンドのアーキテクチャ設計とパフォーマンス改善で、最近はWebのパフォーマンスとアクセシビリティの連続性に思いを馳せています。趣味は料理と温泉と二次元。

Twitter @ahomu
GitHub ahomu
URL https://aho.mu/

泉水 翔吾（せんすい しょうご）

SIerでのプログラマーを経てWeb業界に転職して以来、Web技術に没頭する日々を送っています。Web標準の動向やアーキテクチャの流行を追いかけつつ、技術啓蒙やOSS活動に励んでいます。

Twitter @1000ch
GitHub 1000ch
URL https://1000ch.net/

装丁・本文デザイン	西岡 裕二
図版	スタジオ・キャロット
レイアウト	五野上 恵美、酒德 葉子（技術評論社制作業務部）
編集アシスタント	大野 耕平（WEB+DB PRESS編集部）
編集	稲尾 尚德（WEB+DB PRESS編集部）

WEB+DB PRESS plus シリーズ

超速！Webページ速度改善ガイド
使いやすさは「速さ」から始まる

2017年12月 6 日　初版　第 1 刷発行
2018年 1 月 24 日　初版　第 2 刷発行

著者	佐藤 歩、泉水 翔吾
発行者	片岡 巌
発行所	株式会社技術評論社
	東京都新宿区市谷左内町21-13
	電話　03-3513-6150　販売促進部
	03-3513-6175　雑誌編集部
印刷／製本	日経印刷株式会社

● お問い合わせ

本書に関するご質問は記載内容についてのみとさせていただきます。本書の内容以外のご質問には一切応じられませんので、あらかじめご了承ください。なお、お電話でのご質問は受け付けておりませんので、書面または小社Webサイトのお問い合わせフォームをご利用ください。

〒162-0846
東京都新宿区市谷左内町21-13
株式会社技術評論社
『超速！Webページ速度改善ガイド』係
URL http://gihyo.jp/（技術評論社Webサイト）

ご質問の際に記載いただいた個人情報は回答以外の目的に使用することはありません。使用後は速やかに個人情報を廃棄します。